Embedded Systems für IoT

Felix Hüning

Embedded Systems für IoT

 Springer Vieweg

Felix Hüning
FB5: Elektro- und Informationstechnik
FH Aachen
Aachen, Deutschland

ISBN 978-3-662-57900-8   ISBN 978-3-662-57901-5   (eBook)
https://doi.org/10.1007/978-3-662-57901-5

Die Deutsche Nationalbibliothek verzeichnet diese Publikation in der Deutschen Nationalbibliografie; detaillierte bibliografische Daten sind im Internet über http://dnb.d-nb.de abrufbar.

Springer Vieweg
© Springer-Verlag GmbH Deutschland, ein Teil von Springer Nature 2019
Springer Vieweg ist ein Imprint der eingetragenen Gesellschaft Springer-Verlag GmbH, DE und ist ein Teil von Springer Nature
Die Anschrift der Gesellschaft ist: Heidelberger Platz 3, 14197 Berlin, Germany

Vorwort

Digitalisierung, Internet of Things, Industrie 4.0 – die Zukunft ist ebenso spannend wie herausfordernd. Dabei stehen eingebettete Systeme immer mehr im Mittelpunkt, um intelligente und vernetzte Anwendungen zu realisieren, von kleinen mobilen Geräten bis hin zu smarten Fabriken und Häusern oder autonomen Systemen. Entsprechend der weiten Bandbreite an Systemen und Anwendungsgebieten sind auch die eingesetzten eingebetteten Systeme sehr unterschiedlich, sowohl im Hinblick auf die Anforderungen als auch im Hinblick auf die hard- und softwaretechnische Realisierung und ihre Komplexität. Dabei liegt der Fokus bei der Entwicklung in der Regel auf der Anwendung, also auf der konkreten Funktionalität des Systems, nicht auf der technischen Realisierung der untersten Hard- und Softwareebene. Daher sollen moderne Komponenten und Entwicklungstools den Entwickler möglichst derart unterstützen, dass er sich auf die Anwendungsentwicklung konzentrieren kann.

Der Fokus auf die Anwendung ist sicherlich richtig und wichtig, aber Anwendungsentwicklung ohne Kenntnis der zugrunde liegenden Komponenten und Konzepte ist bei eingebetteten Systemen schwer möglich. Von daher soll das vorliegende Buch einen Überblick über den Aufbau, die Komponenten und Methoden von eingebetteten Systemen derart geben, dass eine fundierte Systementwicklung ermöglicht wird. Dazu werden die theoretischen Aspekte in einem Praxisprojekt umgesetzt, um dem Leser die Möglichkeit zu geben, direkt praktische Erfahrungen mit einem eingebetteten System und der Anwendungsentwicklung zu machen. Das verwendete System ist ein S7G2 Starter Kit von Renesas Electronics mit einem Mikrocontroller, der dem aktuellen Stand der Technik entspricht und weltweit in unzähligen kleinen und großen Projekten industriell eingesetzt wird.

Das Buch beruht auf einer Vorlesung an der FH Aachen, Elektronik für Automatisierungstechnik. In dieser Vorlesung wird mit den Studierenden der Bogen von den Grundlagen der Mikrocontrollertechnik bis hin zur Anwendungsentwicklung mittels moderner Entwicklungswerkzeuge geschlagen. Dabei entwickeln die Studierenden auch eine eigene Anwendung aus dem Bereich Internet of Things oder Industrie 4.0 und können dabei ihrer Kreativität in der Umsetzung freien Lauf lassen. Mittels des S7G2 Starter

Kits entstehen so Anwendungen wie eine vernetzte Cocktail-Maschine, eine Anlagen-steuerung über Ethernet oder ein Retro-Videospiel. Diese Beispiele sollen den Leser dazu ermutigen, selber mit dem Starter Kit eigene Projekte zu realisieren – mit dem Fokus auf der Anwendung!

Das Buch verfolgt einen konsequenten Bottom-Up Ansatz. Nach einer Einführung in die Themen Internet of Things und Industrie 4.0 werden zunächst Hardware-Kompo-nenten von eingebetteten Systemen vorgestellt, insbesondere Mikrocontroller und deren Anbindung auf einem PCB. Anschließend wird die Entwicklungsumgehung dargestellt, mit der die Programmentwicklung sowie das Programmieren und Debuggen des Mik-rocontrollers durchgeführt wird. Die anschließenden Softwarekapitel starten auf der untersten Ebene, dem Board Support Package und der Hardwareabstraktionsschicht. Das Konzept von Echtzeit und Echtzeitbetriebssystemen sowie der Integration in ein einge-bettetes System stellt einen zentralen Teil des Buchs dar, da eingebettete Systeme sehr häufig Anforderungen an das Echtzeitverhalten haben. Es folgte eine Beschreibung der höheren Softwareschichten wie der Middleware oder Vernetzungslösungen. Abgeschlos-sen wird das Buch durch ein Praxisprojekt, das auf dem S7G2 Starter Kit basiert und in dem der Leser Schritt für Schritt durch den oftmals holprigen und nervigen Teil des Auf-setzens eines neuen Projekts geführt wird. Ziel ist es dabei, eine kleine smarte Anwen-dung zu realisieren, die typisch ist für eingebettete Systeme: Sensordaten auslesen und über Ethernet an einen PC übertragen.

Zahlreiche Kommentare von Kollegen und viele Fragen und Anregungen von Stu-dierenden haben dazu beigetragen, dass dieses Buch so realisiert werden konnte. Herrn Patrick Zgoda und Herrn Holger Willing gilt mein Dank für die Unterstützung in der Entwicklung des Praxisprojekts und bei der Erstellung der zahlreichen Abbildungen. Viele fachliche und konstruktive Diskussionen gabe es mit Andrea Nuyken, Steve Nor-man, Karol Saja und Giancarlo Parodi von Renesas Electronics, Experten für die Rene-sas Synergy Plattform. Herrn Sollfrank vom Springer Verlag gilt mein Dank für das Lektorat und die gute Unterstützung während der Entstehung dieses Buchs.

Aachen   Felix Hüning
im Sommer 2018

Inhaltsverzeichnis

Internet of Things und Industrie 4.0

Internet of Things (Internet der Dinge) und Industrie 4.0 – zwei Schlagwörter für die zunehmende Digitalisierung und Vernetzung von aller Art von Systemen. Wirklich präzise Definitionen für diese beiden Ausdrücke existieren nicht, dennoch hat jeder irgendein Verständnis davon, was diese Worte ausdrücken sollen. Daher zunächst eine kurze Begriffsdefinition für die beiden Ausdrücke, um ein gemeinsames Verständnis zu haben.

Kommunikation war die meiste Zeit über eine rein zwischenmenschliche Angelegenheit, sei es direkt oder per Kommunikationsmedien wie Telefon. Dies änderte sich mit dem Aufkommen des Internets in den 70er und 80er Jahren des letzten Jahrhunderts. Zunächst war es nur ein smartes Netzwerk zum Austausch und zur Darstellung von Daten und Informationen und Kommunikationsdiensten wie E-Mail. Durch die Einbindung zunehmend komplexer Dienste und Anwendungen wie Online-Handel entwickelte sich das World Wide Web weiter zum „Web 2.0". Endgeräte wir PCs waren immer noch größtenteils stationär. Dies änderte sich mit dem Aufkommen von internetfähigen mobilen Endgeräten wie Smartphones oder Tablets. Durch die Kombination der Mobilgeräte mit leistungsfähigen Anwendungen bzw. Apps wurde das Internet zum „Internet der Menschen". So ermöglichen soziale Medien wie Facebook, Instagram oder WhatsApp heute eine völlig neue Art der Kommunikation zwischen Menschen. Im nächsten Schritt wird die Kommunikation vom Menschen entkoppelt und findet direkt zwischen Geräten statt – wir sind beim Internet der Dinge oder Internet of Things (IoT) angekommen. Durch die rasante Miniaturisierung der Elektronik und Komponenten wie Sensoren können nicht nur große und teure Maschinen mit der entsprechenden Intelligenz und Vernetzung ausgestattet werden, sondern selbst kleine Gegenstände und Dinge werden intelligent und können Daten und Informationen generieren. So werden reale und virtuelle Objekte sowie Menschen miteinander vernetzt und die Inhalte, die so über das Internet übertragen werden, sind nicht mehr nur von Menschen generiert, sondern zunehmend von den vernetzten Dingen und Objekten selber. Schon 2010 prognostizierte Hans Vestberg, CEO

© Springer-Verlag GmbH Deutschland, ein Teil von Springer Nature 2019
F. Hüning, *Embedded Systems für IoT*,
https://doi.org/10.1007/978-3-662-57901-5_1

von Ericsson: „Today we already see laptops and advanced handsets connected, but in the future everything that will be benefit from being connected will be connected." [1]. Diese Vorhersage erfüllt sich derzeit vollständig, wobei das „… that will benefit from being connected…" heute getrost gestrichen werden kann: alles wird vernetzt, von der Industrieanlage über das Auto bis zum Kühlschrank und Kleidungsstück. Als Konsequenz der rasant zunehmenden Vernetzung im Internet der Dinge explodiert die Zahl der vernetzten Teilnehmer geradezu (s. Abb. 1.1).

Waren zu Beginn des Jahrtausends noch hauptsächlich Menschen vernetzt, so übersteigt die Zahl der vernetzten Objekte inzwischen die menschlichen Internetnutzer um ein Vielfaches, sodass für 2020 mit ca. 30 Mrd. vernetzten Dingen gerechnet wird. All diese vernetzten Geräte generieren eine riesige Menge an Daten in der Größenordnung von einigen zehn Zetabytes, wobei ein Zetabyte gleich 10^{21} Bytes oder 1 Mrd. Terabyte entspricht. Diese Daten werden dezentral und jederzeit erzeugt und ausgetauscht und ermöglichen, Stichwort Big Data, völlig neue Anwendungen, Funktionen und Geschäftsmodelle – solange man diese Datenflut sinnvoll analysieren und auswerten kann, um relevante Informationen daraus zu extrahieren.

Neben dem IoT ist der Begriff Industrie 4.0 das zweite große Schlagwort, das insbesondere im Umfeld der Digitalisierung der Industrie oft verwendet wird. Ursprung des Begriffs Industrie 4.0 war ein Projekt der Hightech-Strategie der deutschen Bundesregierung [3]. Dabei wird die Digitalisierung und Vernetzung der Industrie in einen geschichtlichen Kontext von industriellen Revolutionen gesetzt.

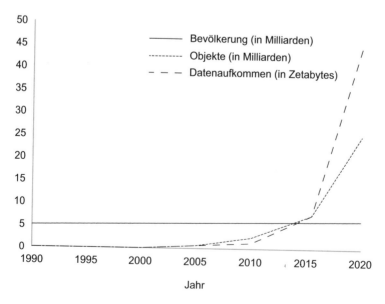

Abb. 1.1 Entwicklung der Bevölkerungszahl im Vergleich zur Anzahl an vernetzten Geräten und dem Datenaufkommen [2]

Der erste Schritt der Industrialisierung war ab ca. 1800 die Mechanisierung der Arbeit durch mechanische Produktionsanlagen, die durch Wasser- oder Dampfkraft angetrieben wurden – „Industrie 1.0". Diese Entwicklung erhöhte die Effizienz und Produktivität dramatisch, z. B. von mechanischen Webstühlen in der Textilindustrie, und ermöglichte neue Transportmöglichkeiten wie die ersten Eisenbahnen.

Grundlage für den nächsten revolutionären Schritt zur „Industrie 2.0" war die Einführung der Elektrizität als Antriebskraft Ende des 19. Jahrhunderts. Die zugrunde liegende Idee der „Industrie 2.0" war die Massenproduktion in fest angeordneten und maschinenunterstützen Produktionslinien im Gegensatz zur manuellen Handarbeit. Die Massenproduktion basiert auf dem Prinzip der Arbeitsteilung, wie sie von Henry Ford bei der Produktion des Ford Model T im großen Maßstab ab dem frühen 20. Jahrhundert eingesetzt wurde, und erste Automatisierungen von Arbeitsprozessen. Durch die Arbeitsteilung, z. B. bei der Akkordarbeit am Fließband, konnte die Produktivität erneut wesentlich gesteigert und die Kosten erheblich gesenkt werden. Ohne diese neue Produktionsweise wäre es z. B. nicht möglich gewesen, einen vormals Luxusgegenstand wie ein Automobil als Massenware für große Käuferschichten zu produzieren.

Bei der dritten industriellen Revolution hin zu „Industrie 3.0" stand die weitere Automatisierung der Arbeit und Produktionsprozessen durch Elektronik und Informationstechnik im Vordergrund. Treiber hierfür waren die rasanten Entwicklungen in der Mikroelektronik. Durch immer kleinere und schnellere integrierte Schaltungen konnten Bauteile wie Mikroprozessoren oder Mikrocontroller mit immer größerer Rechenleistung entwickelt werden, die die Basis für den Siegeszug von Computern bilden. Durch die sukzessive Automatisierung von Arbeitsschritten wird die menschliche Arbeitskraft zunehmend durch Maschinen ersetzt. Im Zuge der Automatisierungstechnik hielten komplexe Industrieroboter und elektronische Steuerungen, z. B. als speicherprogrammierbare Steuerung (SPS), in der Produktion Einzug. Diese Automatisierung ist heute Standard in weiten Bereichen der Industrie und wird gemäß DIN IEC 60050-351:2014-09 als „Das Ausrüsten einer Einrichtung, sodass sie ganz oder teilweise ohne Mitwirkung des Menschen bestimmungsgemäß arbeitet" definiert [4]. Wie der Begriff „teilweise" andeutet, ist der Grad der Automatisierung flexibel und reicht von der einfachen Automatisierung einzelner Prozessschritte bis hin zum vollständig automatisierten und autonomen Betrieb des Systems. Beispiele für automatisierte Systeme findet man in allen Bereichen, bei der Heimautomatisierung, bei Geräten wie Kaffee- oder Waschmaschinen, im Energiebereich oder im Automobil. Dabei stellen moderne Fahrzeuge und ihre Systeme ein intuitives Beispiel für die unterschiedlichen Automatisierungsgrade dar, wie in Abb. 1.2 dargestellt.

Ohne Assistenzsystem muss der Fahrer alle Aufgaben übernehmen (Stufe 0). In Stufe 1 unterstützen Assistenzsysteme den Fahrer bei der Längsführung des Fahrzeugs. Beispiel ist der Abstandsregeltempomat (ACC, Adaptive Cruise Control), der die Geschwindigkeit des Fahrzeugs an den vorausfahrenden Verkehr anpasst, ohne dass der Fahrer die Pedale bedienen muss, der aber, wie bis einschließlich Stufe 3, das Fahrzeug und das System überwachen muss. In der nächsten Stufe 2 übernimmt das

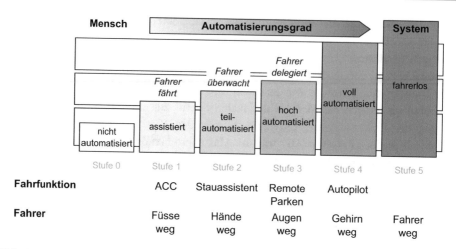

Abb. 1.2 Automatisierungsgrade im PKW nach VDA [5]

Fahrzeug zusätzlich noch die Querführung des Fahrzeugs, zumindest in bestimmten Fahrsituationen. Beispielsweise kann ein Stauassistent das Auto selbstständig während eines Staus fahren und den Fahrer damit um die Pedal- wie Lenkradbedienung entlasten. Überwacht wird weiterhin jederzeit vom Fahrer. Stufe 3 ist dadurch gekennzeichnet, dass in dedizierten Situationen der Fahrer die Fahraufgabe komplett an das Fahrzeug übergeben kann, beispielsweise bei einem Parkassistenten, der per App und Smartphone gesteuert wird. Von voll automatisiertem Fahren spricht man ab Stufe 4, wenn das Auto auch ohne Überwachung des Fahrers fährt und alle Fahrfunktionen selbstständig durchführt. Der Fahrer kann dann, wie bei einem Autopiloten, die Zeit anderweitig nutzen, z. B. zum Arbeiten oder Lesen, muss aber unter Umständen innerhalb einer gewissen Zeitspanne wieder die Kontrolle über das Auto übernehmen können. Die letzte Stufe bildet dann das autonome Fahren, wenn das Auto derart selbstständig fahren kann, dass auch keine Intervention des Fahrers mehr benötigt wird.

Die Ziele, die mit der Automatisierung verfolgt werden, sind vielfältig:

- Steigerung der Produktivität
- Kostenreduktion
- Reduktion von Arbeit
- Flexibilität
- Geringerer Energieeinsatz
- Verbesserung der Qualität und Zuverlässigkeit
- Sichere Produktion

Automatisierungssysteme sind häufig hierarchisch aufgebaut, z. B. in Form einer sogenannten Automatisierungspyramide (Abb. 1.3). Funktionen werden dabei in Ebenen

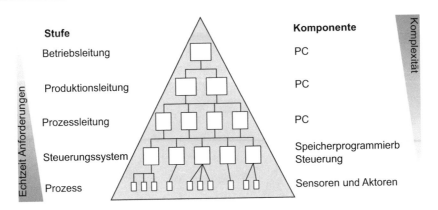

Abb. 1.3 Automatisierungspyramide

zusammengefasst, wie in der Prozess- oder Feldebene, der Steuerungsebene oder der Unternehmensebene. Innerhalb der Ebenen und zwischen den Ebenen gibt es jeweils passende Vernetzungen, um Daten auszutauschen. Sensoren und Aktoren bilden die unterste Feldebene, die eine geringe Komplexität aufweist, dafür in der Regel aber hohe Echtzeitanforderungen hat. Mit aufsteigender Hierarchie steigt die Komplexität und sinken die Echtzeitanforderungen.

Der Schritt von „Industrie 3.0" zu „Industrie 4.0" beschreibt dann den Trend in Automatisierungssystemen weg von den streng hierarchischen Strukturen und hin zu einer modular aufgebauten, intelligenten Fabrik, die intensiv auf intelligente Geräte, IoT und Software aufbaut. Diese Kombination von intelligenten Maschinen, Geräten und Sensoren, Vernetzung und mächtigen Algorithmen bildet sogenannte cyber-physische Systeme (Cyber Physical Systems, CPS, Abb. 1.4 und 1.5). Dabei basiert die Idee von

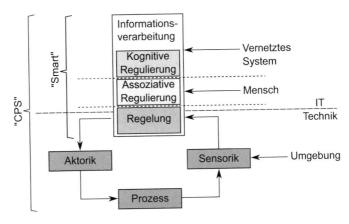

Abb. 1.4 Dreischichtenmodell zur Darstellung von CPS [6]

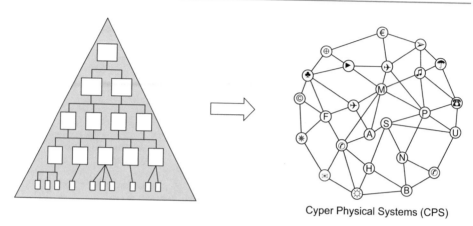

Cyper Physical Systems (CPS)

Abb. 1.5 Von der hierarchischen Automatisierungspyramide zum Cyber Physical System (CPS)

Industrie 4.0 und CPS auf dem Dreischichtenmodell der Kognitionswissenschaft [6]. Auf der technischen Ebene findet die kontinuierliche regelungstechnische Kontrolle des Systems statt, d. h. die Beobachtung des Grundsystems durch geeignete Sensoren, die Informationsverarbeitung nach festen Regel- bzw. Steueralgorithmen sowie die Rückwirkung auf das System durch die Aktorik. Bei der assoziativen Regulierung wird mittels Konditionierung die starre Kopplung zwischen den Reizen (Sensorsignalen) und Reaktion (Aktorik) aufgebrochen, sodass Reaktion und Reize situative unterschiedlich verbunden werden können. Die oberste Schicht, die kognitive Regulierung, führt die Planung zur Erreichung von Zielen ein. Ein Reiz führt nicht direkt zu einer Reaktion, sondern wird zunächst im Sinne der übergeordneten Ziele evaluiert und bewertet und daraus dann Reaktionen geplant. Damit wird künstliche Intelligenz mit ihrer Fähigkeit zum Lernen, Planen und Handeln ein zentraler Bestandteil dieser kognitiven Regulierung, die dabei durchaus durch ein verteiltes und vernetztes System technisch realisiert sein kann. Nimmt man alle drei Schichten mit dem zu Grunde liegenden technischen System zusammen, so wird dies als CPS bezeichnet.

Diese CPS können somit mehr oder weniger autonom arbeiten – ohne oder zumindest mit sehr eingeschränkter menschlicher Bedienung. Da durch die Vernetzung prinzipiell alle Daten online zur Verfügung stehen, eröffnen sich so viele interessante Möglichkeiten und Geschäftsmodelle, wie zum Beispiel eine dezentrale Produktion oder eine verbesserte Logistik. Mitarbeiter können als augmented operator durch die Unterstützung von mobilen Endgeräten wie einer Datenbrille unterstützt werden und die Ausfallzeiten von Maschinen kann durch eine vorausschauende Wartung (predictive maintenance) reduziert werden.

Neben den rein technischen Aspekten wie der Digitalisierung, den Automatisierungsgraden oder der Vernetzung spielt dann auch noch die Interaktion von Menschen mit den Maschinen, Robotern oder „Things" eine entscheidende Rolle, insbesondere, wenn der Mensch als Teil der IoT betrachtet wird. Der Mensch soll mittels seiner Aktorik auf die

Maschine einwirken können und über seine fünf Sinne eine Rückmeldung erhalten. Für unterschiedliche Anwendungsgebiete gab und gibt es die unterschiedlichsten Mensch-Maschine-Schnittstellen (MMI, Mensch-Maschine-Interface bzw. HMI, Human Machine Interface) wie einfache Schalter und Bedienelemente oder Signallichter, die aber vielfach wenig intuitiv und wenig natürlich im Sinne der menschlichen Kommunikation sind und waren. Die heutzutage rasant fortschreitende Entwicklung der Steuerung einer Funktion kann am Beispiel des Telefonierens verdeutlicht werden. Die ersten Telefone waren kabelgebunden, manuell zu bedienen und sprachgesteuert – wobei die Sprache dazu genutzt wurde, einem Mitarbeiter einer Vermittlungsstelle die gewünschte Verbindung durchzugeben, damit dieser die manuell herstellen konnte. Die ersten Automatisierungsschritte kamen mit den Wählscheiben und der damit verbundenen automatischen Gesprächsverbindung. Einfache Eingabe per Finger und Wählscheibe, Feedback an den Gehörsinn durch Wahlgeräusche sowie das haptische Feedback durch die bewegte Scheibe. In den 80er Jahren des zwanzigsten Jahrhunderts kamen dann Tastentelefone auf, bei denen die Wählscheibe durch eine Zahlentastatur ersetzt wurde, die dem Nutzer immer noch eine haptische Rückmeldung gab. Mit der Entwicklung von Mobiltelefonen und insbesondere Smartphones änderte sich die Interaktion rasant. Waren die ersten Mobiltelefone noch mit einer Tastatur ausgestattet, aber schon nicht mehr kabelgebunden, so kam mit dem Smartphone eine völlig neue MMI in die Kommunikation, der Touchscreen. Dieser berührungsempfindliche Bildschirm revolutionierte die Interaktion, da völlig neue Bewegungen erkannt werden können und der Bildschirm völlig flexibel Informationen darstellen kann. Die Eingabe beim Wählen erfolgt per Druck auf einen glatten Bildschirm, sodass es kein wirkliches haptisches Feedback mehr gibt, und das akustische Feedback kann ein- oder ausgeschaltet werden. Im nächsten Schritt kann dann die Berührung wegfallen, wenn das Smartphone in der Lage ist, Gesten, die über dem Gerät dargestellt werden, zu erkennen. Damit ist auch das haptische Feedback Geschichte. Um die Bedienung noch intuitiver und menschlicher zu machen, können inzwischen viele Smartphones (und viele andere Geräte, von der Sprachsteuerung im Auto bis zum intelligenten persönlichen Assistenten Alexa) sprachgesteuert werden, sodass der Mensch in seiner natürlichen Kommunikationsart mit der Maschine interagieren kann.

Industrie 4.0 ist demnach ein Hilfsmittel, um mittels CPS einen hohen Nutzen aus dem Zusammenspiel von Mensch, Technik und Organisation zu erreichen, um die oben aufgeführten Ziele der Automatisierung möglichst vollständig zu erreichen. Damit stellen die Ziele der Automatisierung auch bereits einige Vorteile von Industrie 4.0 dar, wie die Autonomie des Betriebs, eine höhere Flexibilität, Reduktion von Arbeit und Kosten sowie eine höhere Zuverlässigkeit. Diese Vorteile beziehen sich aber insbesondere auf bestehende Anwendungen und Systeme. Eine große Dynamik bezieht Industrie 4.0 aber daraus, dass durch die CPS völlig neue Anwendungen und Geschäftsmodelle entwickelt und realisiert werden können. So können die anfallenden Daten, die auch noch durch die Vernetzung überall verfügbar sind, im Sinne von Big Data analysiert und ausgewertet, um daraus neue Informationen und Erkenntnisse zu ziehen, die wiederum zur

Verbesserung von Geschäftsmodellen oder Produkten genutzt werden können. Beispielhaft sei die Echtzeit-Verkehrsdatenerfassung erwähnt: zunächst wurde die Vernetzung mittels Smartphones ausgenutzt, um Daten über Position und Geschwindigkeit von Autos zu sammeln und daraus Informationen in Echtzeit zum Verkehrsfluss zu ermitteln und in elektronischen Karten darzustellen. Im nächsten Schritt wird auch das Auto vernetzt, sodass dann die zahlreichen Sensordaten des Autos über die Vernetzung übertragen werden können. Damit steht ein riesiger Datenpool zur Verfügung, der nicht nur die Live-Verkehrserfassung erlaubt, sondern darüber hinaus weitere Anwendungen. Wenn im Winter an bestimmten Stellen viele Autos den Eingriff des ESP (Elektronischen Stabilitätsprogramms) melden, so kann daraus gefolgert werden, dass es dort glatt ist. Dementsprechend könnten andere Autofahrer gewarnt werden oder auch die Streudienste dort bevorzugt streuen, um die Gefahr zu entschärfen.

Nachteilig an Industrie 4.0 ist sicherlich die große Komplexität, die die Systeme und Anwendungen haben. Für die Entwicklung, den Betrieb und die Wartung werden spezialisierte Mitarbeiter benötigt, sodass die Ausbildung in technischen Berufen, insbesondere der Elektrotechnik, der Informatik, der Robotik und künstlichen Intelligenz in Zukunft immer wichtiger werden wird, nicht nur in der Ausbildung, sondern auch beim lebenslangen Lernen. Auch das Thema Sicherheit (funktional und datentechnisch) stellt eine große Herausforderung dar. Und die Investitionen in eine geeignete Industrie 4.0 Strategie sowie deren Umsetzung können sehr hoch sein. Arbeitstechnisch bzw. sozialwissenschaftlich ist sicherlich die Umwälzung der Arbeit durch Industrie 4.0 eine riesige Herausforderung, da immer mehr einfache Arbeiten entfallen und spezialisierte und gut ausgebildete Fachkräfte benötigt werden.

Was braucht man alles, um IoT und Industrie 4.0 Anwendungen zu realisieren? Nun, das hängt davon ab… von der Anwendung selber natürlich, aber auch von den Anforderungen, dem System, der Umgebung, … Ein derart großes Feld, dass eine generelle Antwort nicht möglich ist. Aber einige Grundelemente und Eigenschaften findet man eigentlich in allen IoT und Industrie 4.0 Systemen, und diese sollen im folgenden Kapitel kurz vorgestellt werden. Zentrale Elemente von IoT und Industrie 4.0 Anwendungen sind sicherlich die eingebetteten Systeme mit ihren digitalen Recheneinheiten. Dazu gehören auch Komponenten wie Sensoren, die die relevanten Parameter und Größen des Systems messen oder die intelligente Hardware zur Ausführung der Software und Applikationsalgorithmen. Aktoren (oder Aktuatoren) wiederum werden von der intelligenten Hardware angesteuert und wirken auf das Zielsystem oder den technischen Prozess, um ihn gemäß der Anwendung zu beeinflussen. Natürlich darf bei IoT und Industrie 4.0 Anwendungen auch die Vernetzung nicht fehlen, wobei diese sowohl direkt zum Internet oder auch über andere Kommunikationsschnittstellen zu anderen Systemen gehen kann. Zusätzliche Komponenten, die immer wichtiger werden, sind alle Arten von Bedienelementen und graphische Bedienoberflächen (Graphical User Interface, GUI) oder Touchdisplays.

Zu den immer wichtiger werdenden Eigenschaften von IoT und Industrie 4.0 Anwendungen gehören Zuverlässigkeit, Echtzeitfähigkeit und Sicherheit – wobei es das deutsche Wort Sicherheit nicht ganz trifft, um die gemeinten Eigenschaften „satefy" und „security" zu beschreiben.

„Safety" oder Funktionssicherheit steht für den Schutz der Umwelt vor einem System, z. B. durch die Vermeidung von Unfällen. Dabei soll ein durch das System entstandener Schaden verhindert werden und hängt damit von der richtigen Funktion des Systems ab. Es muss sichergestellt werden, dass das System korrekt funktioniert, damit diese Sicherheit gewährleistet ist. Das bedeutet zunächst, dass Fehlfunktionen des Systems verhindert werden müssen. Da bei allen technischen Systemen das Auftreten von Fehlern nicht generell ausgeschlossen werden kann, muss der Betrieb laufend überwacht werden zur Erkennung von sicherheitsrelevanten Fehlern. Darauf aufbauend müssen die erkannten Fehler derart sicher beherrscht werden, dass das System in einen Zustand versetzt werden kann, der als sicher definiert wurde. Ziel der Funktionssicherheit ist es, das Risiko für Unfälle auf ein akzeptables Maß zu reduzieren.

Da die funktionale Sicherheit ein sehr wichtiges Thema für viele Anwendungsbereiche darstellt, gibt es zahlreiche Normen für die unterschiedlichen Bereiche, wie in Tab. 1.1 aufgeführt.

„Security" oder Informationssicherheit dagegen bezeichnet die Fähigkeit eines Systems, sich und seine Systemressourcen, wie z. B. Daten, im Hinblick auf Integrität und Vertraulichkeit zu schützen. Also der Schutz des Systems vor der Umwelt, z. B. in Form von unberechtigten Zugriffen. Bei der Datensicherheit wird verhindert, dass es unauthorisierte Zugriffe auf die gespeicherten Daten gibt, um Datenverlust oder -manipulation zu verhindern.

Der Unterschied zwischen „Safety" und „Security" kann einfach am Beispiel der Vernetzung dargestellt werden. Für ein vernetztes System, dessen Steuerung über eine Internetverbindung kontrolliert wird, muss diese Internetverbindung dauerhaft bestehen, sodass der Nutzer jederzeit, schnell und ohne großen Aufwand in das System eingreifen kann. Im Sinne der „Security" sprich Informationssicherheit wäre diese Verbindung zu Außenwelt im Idealfall gar nicht vorhanden, damit niemand unbefugt auf das System,

Tab. 1.1 Normen zur funktionalen Sicherheit

Norm	Beschreibung
EN ISO 13.849 [7]	Sicherheit von Maschinen – sicherheitsbezogene Teile von Steuerungen
ISO 26.262 [8]	Road vehicles – Functional safety
EN/IEC 61.508 [9]	Funktionale Sicherheit sicherheitsbezogener elektrischer/elektronischer/programmierbarer elektronischer Systeme
EN/IEC 61.511 [10]	Funktionale Sicherheit – Sicherheitstechnische Systeme für die Prozessindustrie
EN/IEC 62.061 [11]	Sicherheit von Maschinen – Funktionale Sicherheit sicherheitsbezogener elektrischer, elektronischer und programmierbar elektronischer Steuerungssysteme

seine Steuerung und Daten zugreifen kann. Damit verfolgen Funktionssicherheit und Informationssicherheit sich widersprechende Ziele, sodass diese bei der Entwicklung gegeneinander abgewägt werden müssen, um beide Ziele realisieren zu können. Im Beispiel des vernetzten Systems: welchen Grad an Informationssicherheit muss ich aufweisen, um die Integrität des Systems zu gewährleisten, und wie kann ich diese realisieren, sodass der Zugriff für autorisierte Nutzer derart möglich ist, dass die volle Funktionalität gegeben ist?

Literatur

1. Vestberg H (2010) Ericsson Press Release April 13, 2010, http:// http://mb.cision.com/Main/15448/2246220/662223.pdf. Zugegriffen: 15. Mai 2018
2. Evans D (2011) Das Internet der Dinge, https://www.cisco.com/c/dam/global/de_de/assets/executives/pdf/Internet_of_Things_IoT_IBSG_0411FINAL.pdf. Zugegriffen: 13. Juni 2018
3. Kagermann H, Lukas WD, Wahlster W (2011) Industrie 4.0: Mit dem Internet der Dinge auf dem Weg zur 4. industriellen Revolution, VDI-Nachrichten, Ausgabe 13, April 2011
4. DIN IEC 60050-351:2014-09 (2014): Internationales Elektrotechnisches Wörterbuch – Teil 351: Leittechnik
5. Ebner HT (2013), Motivation und Handlungsbedarf für Automatisiertes Fahren, DVR-Kolloquium Automatisiertes Fahren, Bonn, 11.12.2013
6. Lindemann U (Hrsg) (2016) Handbuch Produktentwicklung, Carl Hanser Verlag, München
7. EN ISO 13849-1/A1:2013-09
8. ISO 26262-1:2011
9. EN 61508-1:2011-02
10. EN 61511-1:2005-05
11. EN 62061:2013-09

Eingebettete Systeme

Jeder kennt heutzutage Standard-Hardware wie PCs oder Laptops. Aufgrund ihrer leistungsfähigen Mikroprozessoren wie dem Intel Core i7 oder dem AMD Ryzen 7 Prozessor stellen diese Geräte dem Nutzer eine flexible Hardware und Funktionalität zur Verfügung. Zusammen mit einem mächtigen Betriebssystem (z. B. Windows 10 oder Ubuntu Linux) können die Nutzer dann die benötigten Anwenderprogramme wie Office-Anwendungen, Internet-Browser oder Spiele individuell und flexibel installieren und nutzen. Ein Schlüsselparameter der Mikroprozessoren ist dabei die Rechenleistung, die die Prozessoren dem System zur Verfügung stellen, um rechenintensive Gaming- oder Multimedia-Anwendungen realisieren zu können. Nichtsdestotrotz stellen diese wohlbekannten Mikroprozessoren nur einen sehr kleinen Teil von Prozessoren und Controllern dar, die in eingebetteten Systemen verwendet werden.

Es gibt zahlreiche Definitionen, was ein eingebettetes System ist, z. B. ist ein eingebettetes System nach Thaller „… ein durch Software kontrollierter Computer oder Mikroprozessor, der Teil eines größeren Systems ist, dessen primäre Funktion nicht rechenorientiert ist." [1]. Dabei tritt die Recheneinheit nach außen gar nicht als solche in Erscheinung, sondern nach außen wirkt nur die Funktionalität, die das eingebettete System bereitstellt (Abb. 2.1). Mit anderen Worten, ein eingebettetes System ist ein Computer, der nicht wie ein Computer aussieht. Als solches ist das eingebettete System immer ein fester Bestandteil eines technischen Gesamtsystems, das in der Regel aus Rechenhardware, Software und mechanischen bzw. mechatronischen Komponenten besteht. Das eingebettete System interagiert mit seiner Umgebung mittels Sensoren und Aktoren, führt dabei komplexe Regelungs-, Steuerungs- und Datenverarbeitungsaufgaben aus und stellt so zunächst die regelungstechnische Ebene im Dreischichtenmodell dar (Abb. 1.4). Durch die zunehmende Vernetzung und Steigerung der Rechenleistung der Recheneinheiten von eingebetteten Systemen bilden sie inzwischen auch die Basis von CPS. Ein wesentliches Charakteristikum von eingebetteten Systemen ist dabei ihre

© Springer-Verlag GmbH Deutschland, ein Teil von Springer Nature 2019
F. Hüning, *Embedded Systems für IoT*,
https://doi.org/10.1007/978-3-662-57901-5_2

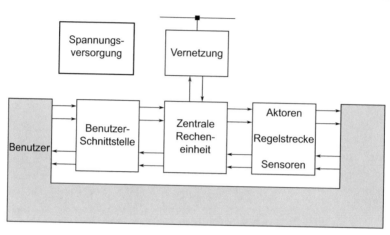

Abb. 2.1 Schematische Darstellung eines eingebetteten Systems

Zweckbestimmtheit, d. h. das System soll dedizierte Funktionen ausführen, wobei die Funktionalität meist in der Software abgebildet wird. Eine weitere zentrale Eigenschaft ist die Programmierbarkeit von eingebetteten Systemen.

Realisiert werden eingebettete Systeme durch sogenannte Steuergeräte (ECU, Electronic Control Unit), die damit die Kontroll- und Steuereinheiten eines mechatronischen Systems darstellen. Dabei können die ECU mit den Sensoren und Aktoren eine Systemeinheit bilden. Wie konkret ein Steuergerät realisiert wird, hängt stark von den Anforderungen, der Anwendung und den Umgebungsbedingungen ab.

Dabei muss das eingebettete System seine Funktionalität unter den gegebenen Randbedingungen und Limitierungen immer und zuverlässig erfüllen. Dies betrifft beispielsweise systemimmanente Anforderungen wie verfügbaren Bauraum, maximale Leistungsaufnahme und Lebensdauer ebenso wie Umgebungsbedingungen und Sicherheitsanforderungen.

Die Umgebungsbedingungen stellen dabei gewissermaßen Störgrößen dar, unter denen das System funktionieren muss:

- Temperatur
- Staub, Feuchtigkeit (gasförmig und flüssig) und Fremdkörper
- Mechanische Belastungen wie Stöße, Vibrationen
- Chemische Substanzen
- Elektrische Störungen (z. B. instabile Spannungsversorgung)
- Elektromagnetische Störungen (EMV, Elektromagnetische Verträglichkeit)

Bei der Entwicklung von eingebetteten Systemen gibt es darüber hinaus zahlreiche Herausforderungen, die sich auf die unterschiedlichen Aspekte von eingebetteten Systemen beziehen. Diese können beispielsweise komponenten-, systeme- oder geschäftsspezifische Herausforderungen sein oder sich aus der Vernetzung von Systemen ergeben, wie in Tab. 2.1 dargestellt.

Eingebettete Systeme werden auch in Zukunft zentrale Komponenten von unzähligen neuen Anwendungen und Systemen sein und die Anzahl an Dingen für das IoT wird rasant weiter ansteigen. Dabei werden die Herausforderungen für die eingebetteten Systeme weiter zunehmen, sei es durch die stetige Verkleinerung, durch neue Anwendungen oder den Trend hin zu mobilen Geräten. Dabei wird die Komplexität weiter zunehmen, was den Trend hin zu einer anwendungsfokussierten Entwicklung mit einer abstrakten Modellierung und Programmierung auf API Level weiter verstärken wird.

Tab. 2.1 Herausforderungen bei der Entwicklung von eingebetteten Systemen

Komponenten	Komplexität der Hard- und Software
	Entwicklungswerkzeuge
	Debugging & Testing
	Spannungsversorgung
System	Integration in mechatronische Gesamtsysteme inkl. Bauraum
	Umgebungsbedingungen
	Applikations-Know-How
	Echtzeitverhalten
	Testing
	Künstliche Intelligenz
Vernetzung	Wechselwirkungen zwischen Systemen
	Sicherheit, sowohl funktional als auch datentechnisch
	Cloud-Anwenundgen
	Datenraten
Geschäftlich	Time-to-Market
	Kosten
	Entwicklungszeit
	Änderungsmanagement
	Lieferantenmanagement
	Interdisziplinarität
	Big Data

2.1   Zentrale Recheneinheit

Als zentrale Recheneinheit von eingebetteten Systemen können unterschiedliche CPU-Architekturen oder programmierbare Bauteile oder auch Kombinationen von mehreren Komponenten zum Einsatz kommen. Neben Standard-Mikroprozessoren werden insbesondere Mikrocontroller eingesetzt, die aufgrund ihrer Eigenschaften und Peripheriekomponenten für den Einsatz in eingebetteten Systemen prädestiniert sind. Daher liegt der Fokus dieses Buchs auch in dem Einsatz von Mikrocontrollern für eingebettete Systeme (Kap. 3). Weitere Möglichkeiten, die zentrale Recheneinheit zu realisieren, sind DSP, FPGA oder ASIC, die insbesondere dann zum Einsatz kommen, wenn die Leistungsfähigkeit von Mikrocontrollern nicht ausreicht, um die gewünschte Funktionalität zu realisieren.

DSP (Digitaler Signalprozessor) oder DSC (Digitaler Signalcontroller) sind spezielle Mikroprozessoren bzw. Mikrocontroller, die insbesondere im Hinblick auf die digitale Signalverarbeitung (s. Abschn. 3.1 und Kap. 9) entwickelt und optimiert sind. Diese Optimierung beinhaltet z. B. eine hohe Taktfrequenz, die Integration von speziellen Recheneinheiten für komplexe arithmetische Algorithmen mit hoher Genauigkeit und schneller Numerik, schnellen Datentransfer innerhalb des Bauteils und nach Außen und große Speicher, meist in Harvard-Architektur mit getrennten Speichern für Programm und Daten. Einsatzgebiete von DSP und DSC sind im Bereich Audio/Video (DVD, MP3), der Telekommunikation (Mobiltelefone), der Industrie und Automobiltechnik (Motorcontroller, Robotik, Sprachsteuerung).

Reicht auch die Rechenleistung von DSP/DSC nicht aus, um die Funktionalität darzustellen, so können hardwaretechnisch programmierbare Bauteile wie PLD (Programmierbare Logische Schaltungen) oder FPGA (Field-Programmable Gate Array) eingesetzt werden. Die Grundidee dieser frei programmierbaren ICs liegt darin, dass die Hardware nicht fest konfiguriert ist, sondern diese vollständig frei konfigurierbar ist. Das IC stellt gewissermaßen eine riesige Menge an Transistoren bzw. Logikfunktionen und Verbindungen zur Verfügung, die flexibel zu „verdrahten" und damit programmierbar sind. Die Funktion des IC ist daher erst nach der Konfiguration bzw. Programmierung des FPGA gegeben. Die Konfigurationsdateien und damit die Funktionalität werden mittels Hardwarebeschreibungssprachen wie VHDL oder Veriolg oder per grafischer Benutzeroberflächen erzeugt. Damit besteht ein zusätzlicher Freiheitsgrad in der Funktionsentwicklung, da die Funktion nicht nur in Software, sondern verteilt auf Hard- und Software realisiert werden kann. FPGA bieten den großen Vorteil, dass die Hardware flexibel und sehr leistungsfähig ist, allerdings sind die Kosten für FPGA sehr hoch. Daher kommen FPGA vielfach in Prototypen, Kleinserien oder für Nischenanwendungen zum Einsatz.

Soll auf die dedizierte Hardware, wie in einem FPGA abbildbar, nicht verzichtet werden, so kann die Hardwarefunktionalität in ein sogenanntes ASIC (Application Specific Integrated Circuit) bzw. ASSP (Application Specific Standard Product) transferiert werden.

Dabei handelt es sich um ICs, die für einen spezifischen Anwendungsfall entwickelt wurden, z. B. weil die Anwendung ein dediziertes Bauteil benötigt (z. B. CAN Transceiver, Abschn. 11.3), weil die Kosten im Vergleich zu einem FPGA reduziert oder weil sehr dedizierte Funktionen implementiert werden sollen. Ein Beispiel für ASIC sind Grafikprozessoren (GPU, Graphics Processing Unit), die auf die Berechnung von Grafiken spezialisiert sind, aufgrund ihrer sehr hohen Rechenleistung inzwischen aber auch für viele Anwendungen im Bereich der künstlichen Intelligenz eingesetzt werden.

2.2 Sensoren

Wie generell auch Lebewesen müssen technische Systeme sehr häufig wichtige Umgebungsgrößen und Parameter beobachten und messen. Menschen nutzen dazu ihre fünf Sinne, Sehen, Schmecken, Riechen, Fühlen und Hören, um zumindest einige optische, physikalische, chemische oder mechanische Parameter zu erfassen (Abb. 2.2). Dabei können Menschen mit ihren Sinnen nicht alles erkennen, Größen wie magnetische Felder oder Radioaktivität sind mit den beschränkten Sinnen nicht wahrnehmbar. Dahingegen können zum Beispiel Zugvögel das magnetische Feld der Erde erfassen und sich so orientieren.

Ähnlich wie die menschlichen Sinnesorgane messen technische Sensoren dedizierte technische und physikalische Größen (Abb. 2.2). Durch geeignete physikalische oder

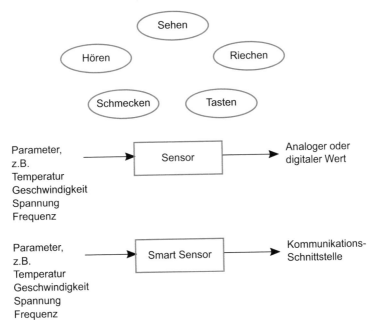

Abb. 2.2 Die 5 menschlichen Sinne (oben) und technische Sensoren: einfacher Wandler (Mitte) und intelligenter Sensor

Abb. 2.3 Mechanische
Sensorstruktur eines MEMS-
Sensors im Vergleich zu einem
menschlichen Haar [2]

chemische Effekte wandelt ein einfacher Sensor die zu messende Größe in eine primäre elektrische Größe um. Diese primäre elektrische Größe kann jede Art von elektrischem Signal sein, z. B. eine analoge Spannung oder ein analoger Strom.

Durch das Hinzufügen von zusätzlichen Komponenten kann die Funktionalität von einfachen Sensoren erweitert werden, hin zu integrierten oder intelligenten Sensoren. So kann die primäre elektrische Ausgangsgröße durch eine geeignete Schaltung verstärkt oder gefiltert werden oder mittels eines ADC digitalisiert und durch einen Mikrocontroller verarbeitet werden.

In vielen eingebetteten Systemen stellt die Begrenzung des zur Verfügung stehenden Bauraums eine starke Einschränkung dar. Daher ist ein wichtiger Trend in der Sensorik die Verkleinerung der Sensoren. Schlüsseltechnologie für diese Miniaturisierung ist die Mikrosystemtechnik (MEMS, Micro-Electro-Mechanical-Systems). Mittels Halbleiterprozessen werden dabei sowohl mechanische Strukturen im sub-Mikrometermaßstab als auch elektrische Halbleiterstrukturen prozessiert, um sehr kleine komplexe Sensorelemente herzustellen (Abb. 2.3).

2.3 Aktoren

Ein Aktor bzw. Aktuator stellt das Bindeglied zwischen der Informationsverarbeitung eines eingebetteten Systems und dem Grundsystem bzw. Prozess dar und wirkt auf diesen ein. Dazu setzt er Stellinformationen geringer Leistung, die analog oder digital aus der Recheneinheit kommen, in leistungsbehaftete Signale einer zur Prozeßbeeinflußung notwendigen Energieform um (Abb. 2.4). Dabei kann es sich z. B. um elektrische, thermische, chemische Energie oder Strömungsenergie handeln. Dementsprechend gibt es eine unüberschaubare Anzahl an Aktoren der unterschiedlichsten Ausprägung, daher sei an dieser Stelle auf die jeweilige Literatur verwiesen.

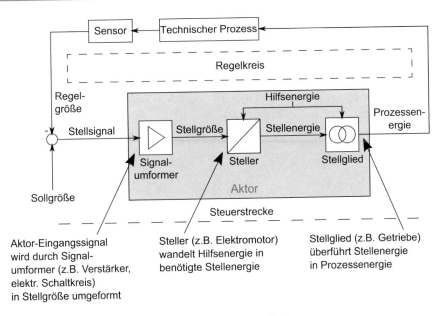

Abb. 2.4 Grundstruktur von Aktoren innerhalb eines Regelkreises

Literatur

1. Thaller G (1997) Software Engineering für Echtzeit und Embedded Systems, bhv Verlags GmbH, Kaarst
2. Mit freundlicher Genehmigung von Bosch Sensortec

Mikrocontroller

Auch wenn es in den vierziger Jahren des zwanzigsten Jahrhunderts bereits elektrische Rechner wie den Z3 von Konrad Zuse gab, so revolutionierten erst die Erfindung des Transistors durch Bardeen, Brattain und Shockley 1948 sowie die darauf aufbauende Entwicklung von integrierten Schaltkreisen (Integrated Circuit, IC) die Computertechnik. Spätestens mit dem 4004 IC von Intel setzte sich das Konzept einer frei programmierbaren CPU durch, sodass diese Mikroprozessoren, bei denen alle Bausteine eines Prozessors auf einem Siliziumchip vereinigt sind, heute in allen Computern die zentrale Recheneinheit darstellen. Dabei beweist die Halbleiterindustrie eine sehr große Innovationskraft, sodass der Integrationsgrad sowie die Leistungsfähigkeit der Mikroprozessoren seit den ersten Entwicklungen enorm gesteigert werden konnten. Gemäß dem berühmten und empirischen Mooreschen Gesetz (nach Gordon Moore, Mitgründer von Intel, aus dem Jahr 1965) verdoppelt sich zum Beispiel die Integrationsdichte, also die Anzahl der Transistoren pro Flächeneinheit, alle 12 bis 24 Monate.

Mikrocontroller sind Mikroprozessoren mit zusätzlichen Hardware-Modulen. Diese Peripherie-Module sind auf dem gleichen Chip integriert wie die CPU und stellen dem Controller zusätzliche Funktionalitäten zur Verfügung (Abb. 3.1).

Abb. 3.2 zeigt beispielhaft einen Mikrocontroller mit einer CPU als zentrales Steuerelement einer einfachen Heizungssteuerung. Zum Speichern von statischen und dynamischen Daten verfügen Mikrocontroller über integrierte Speicher. So werden dynamische Daten wie Messdaten in einem flüchtigen RAM Speicher (Random Access Memory) gespeichert, wohingegen statische Daten wie der Programmcode oder Parameterdaten in einem nicht-flüchtigem Speicher wie einem Flash-Speicher abgelegt werden. Daher benötigt ein Mikrocontroller zunächst einmal keinen externen Speicher – es sei denn, die interne Speichergröße ist nicht ausreichend. Dabei ist zu beachten, dass die Speichergrößen der internen Speicher wesentlich geringer sind, als die Speichergrößen, die man von Standard-Hardware kennt. Bei Standard-Hardware liegen die Größen im GB oder

© Springer-Verlag GmbH Deutschland, ein Teil von Springer Nature 2019
F. Hüning, *Embedded Systems für IoT,*
https://doi.org/10.1007/978-3-662-57901-5_3

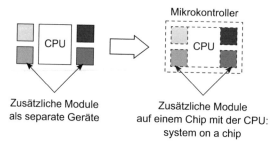

Abb. 3.1 Vom Mikroprozessor mit externen Komponenten (links) zum integrierten Mikrocontroller

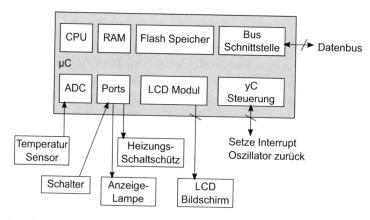

Abb. 3.2 Peripheriemodule eines Mikrocontrollers für eine einfache Heizungssteuerung

TB Bereich, wohingegen die Speichergrößen von Mikrocontrollern in der Größenordnung von kB bis MB für RAM Speicher und MB für Flash-Speicher liegt und demnach mehrere Größenordnungen kleiner sind. Diese internen Speichergrößen stellen auch eine wichtige Limitierung von Mikrocontrollern dar.

Zusätzlich zur CPU und den integrierten Speichern nutzt der Mikrocontroller in dieser Anwendung noch Peripheriemodule wie einen Analog-Digital-Wandler (ADC) oder ein Modul zur Ansteuerung eines Flüssigkristalldisplays (LCD, Liquid Crystal Display). Eine Kommunikation mit anderen intelligenten Komponenten findet über einen Datenbus statt und der Mikrocontroller stellt das dedizierte Busmodul zur Verfügung. Analoge Sensoren wie Temperatursensoren können an den ADC angeschlossen werden, und das Port-Modul kann für digitale Ein- und Ausgangssignale verwendet werden. Zusätzlich zu den Peripherie-Modulen weist der Mikrocontroller noch ein Systemmodul auf, das z. B. zur Takterzeugung oder zum Interrupt- oder Reset-Handling dient. Dieses einfache Beispiel der Heizungssteuerung zeigt bereits deutlich, dass die benötigten Peripherie-Module stark von der jeweiligen Anwendung abhängen.

Es gibt eine große Vielzahl an unterschiedlichen Peripherie-Modulen, sodass eine noch viel Größere Anzahl an Mikrocontrollern entwickelt werden können, die alle die gleiche CPU einsetzen, aber unterschiedlichen Peripherie-Module und Speicher aufweisen. Die Mikrocontroller einer Mikrocontroller-Familie unterscheiden sich dann nicht nur darin, wie viele und welche Module verwendet werden, sondern auch zum Beispiel in der Pinzahl oder dem Gehäuse. Da aber die CPU in allen Fällen gleich bleibt, ist die Wiederverwertung von Software sehr hoch, wenn man den Mikrocontroller innerhalb der entsprechenden Familie wechselt. Dieses Familienkonzept von Mikrocontrollern bietet damit eine große Flexibilität und Skalierbarkeit, um das optimale Bauteil für eine Anwendung mit den zugehörigen Anforderungen zu finden.

Wie findet man jetzt aus dieser riesigen Auswahl an Mikrocontrollern und Mikrocontroller-Familien das optimale Bauteil? Zunächst einmal bestimmt natürlich die Applikation die funktionalen und anwendungsbezogenen Anforderungen, die der Mikrocontroller erfüllen muss, z. B. in Hinblick auf die benötigen Peripherie-Module, die Rechenleistung und die Taktfrequenz, das Gehäuse und die Pinzahl oder die Leistungsaufnahme. Auch das Einsatzgebiet spielt eine wesentliche Rolle, da Automobil-, Industrie- oder Consumeranwendungen völlig unterschiedliche Anforderungen haben in Bezug auf Zuverlässigkeit, Bauraum oder Umgebungsbedingungen. Und natürlich die Anforderungen der Anwendungssoftware, da Programm- und Datengröße direkt bestimmen, welche flüchtigen und nicht-flüchtigen Speicher in welcher Größe benötigt werden.

3.1 Peripherie-Module

Neben der CPU bestimmen hauptsächlich die Peripherie-Module die Funktionalität von Mikrocontrollern. Die Liste von solchen Modulen ist lang und in Tab. 3.1 sind einige Wichtige aufgeführt, die im Folgenden noch kurz näher beschrieben werden sollen. Dabei unterscheidet sich die Namensgebung für die Module von Hersteller zu Hersteller und auch die konkrete Funktionsweise ist unterschiedlich, aber die generellen Funktionalitäten sind doch sehr ähnlich, sodass sich eine kurze Vorstellung lohnt.

Die Verbindung zur Außenwelt wird durch die I/O-Ports hergestellt. Diese können analog oder digital sein und generell, mit Ausnahme von einigen speziellen Ports, als Ein- oder Ausgang konfiguriert werden. Die Ports können entweder als General Purpose I/Os (GPIO) verwendet werden oder für alternative Funktionen von Peripherie-Modulen. In Abb. 3.3 ist das Pinout eines RL78 Mikrocontrollers in einem 64-Pin LQFP Gehäuse (Low Profile Quad Flat Package) dargestellt. Mit den 64 Pins des Gehäuses sind die Port-Funktionalitäten verbunden und die GPIOs werden durch den jeweiligen Portnamen angegeben, z. B. P30 oben rechts an Pin 32. Alternativ dazu kann der Port so konfiguriert werden, dass er von einem Peripherie-Modul genutzt wird: INTP3 (externer Interrupt-Eingang), RTC1 Hz (1 Hz Ausgangstakt vom Real-Time-Clock-Modul), SCK11 (serielles Taktsignal vom CSI11 Bus) oder SCL11 (serielles Taktsignal vom IIC Bus).

Sowohl die Ein- als auch die Ausgangseigenschaften der Ports kann in der Regel flexibel eingestellt werden. Dazu zeigt Abb. 3.4 das Schaltbild eines GPIO Ports, der die

Tab. 3.1 Speicher und wichtige Peripherie-Module von Mikrocontrollern

CPU	8-/16-/32-/64-Bit Central Processing Unit, multi-core für Steigerung der Rechenleistung oder Redundanz möglich
RAM	Random Access Memory, flüchtiger und reversibler Speicher für Daten
ROM	Read Only Memory, nicht-flüchtiger und irreversibler Speicher für Bootcode oder Anwendungsprogramm; Programmierung während der Chip-Produktion der Halbleiterfirma
Flash-Speicher	Nicht-flüchtiger, reversibler Speicher für Programm und Parameter
Bus-Schnittstellen	Hardware-Modul für die Protokoll-Schichten von Datenbussen wie CAN
ADC	Analog-Digital-Wandler für die Digitalisierung von analogen Signalen
DAC	Digital-Analog-Wandler für die Generierung von analogen Signalen
Timer Modul	Modul für Zähler, Zeitmessung, Puls- und Pulsweitengenerierung
DMA	Direct Memory Access Modul, ermöglicht direkten Datentransfer zwischen Peripherie-Modulen ohne CPU Nutzung
Digitaler I/O-Port	Ein- und Ausgang für digitale Signale mit programmierbarer Charakteristik
Analoger I/O-Port	Ein- und Ausgang für analoge Signale, intern mit ADC oder DAC verbunden
Takterzeugung	Generierung der Systemtakte, z. B. für die CPU oder Peripherie-Module; enthält in der Regel mehrere interne und externe Taktquellen wie Oszillatoren oder PLL (Phase-Locked-Loop)
Spannungsversorgung	Interner Spannungsregler, um die benötigten Spannungen aus einer Versorgungsspannung zu erzeugen, z. B. 3.3 V und 1.8 V aus einer 5 V Spannungsversorgung
Spannungsüberwachung	Über- und Unterspannungsdetektion
Watchdog	Spezielles Timer Modul, das zur Überwachung der Software-Abarbeitung eingesetzt wird, um z. B. unendliche Software-Schleifen zu erkennen

Ein- oder Ausgangsfunktionalität auf den Pin legt (IN/OUT rechts). Durch das Signal „output disable" wird der Ausgang ein- oder ausgeschaltet. Wenn der Ausgang eingeschaltet ist, dann wird das Signal „data" über die Push-Pull-Stufe aus zwei MOSFET (P-ch und N-ch) ausgegeben. Das Signal an IN/OUT wird auch über einen Schmitt-Trigger als Eingangssignal eingelesen. Wenn der Ausgang abgeschaltet ist, dann kann noch ein zusätzlicher Pull-Up Widerstand über „pullup enable" aktiviert werden, um das Eingangssignal schwach auf einen high Pegel zu ziehen.

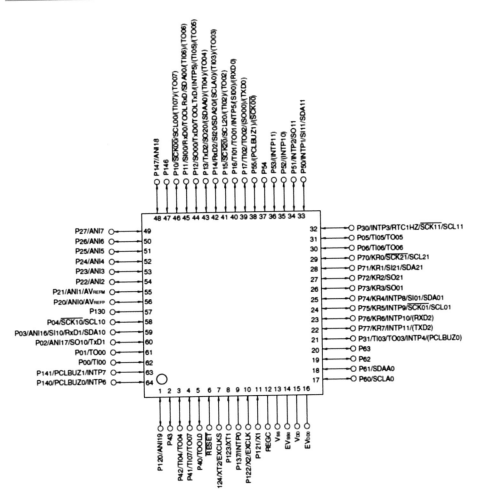

Abb. 3.3 Pinout eines RL78 Mikrocontrollers im 64-Pin LQFP Gehäuse

Spezielle Pins, die nur für dedizierte Funktionalitäten zu nutzen sind, sind zum Beispiel die Spannungsversorgungs- und Massepins (V_{SS}/EV_{SS} bzw. V_{DD}/EV_{DD}) oder der RESET Pin, um das Bauteil in einen definierten Zustand zurück zu setzen.

Sowohl für Daten als auch für das Programm weisen die Mikrocontroller unterschiedliche Speichermodule auf, die sich im Hinblick auf ihre Verwendung, Technologie, Eigenschaften und Größen unterscheiden. Dazu zeigt Abb. 3.5 eine Übersicht von unterschiedlichen Halbleiterspeichern, die in Mikrocontrollern eingesetzt wurden bzw. auch noch werden. ROM-Speicher (Read-Only Memory) oder Festwertespeicher sind nicht-flüchtig und behalten auch im stromlosen Zustand ihre Informationen. Im normalen Betrieb wird, wie der Name impliziert, nur lesend auf diese Speicher zugegriffen. So wird der Inhalt des Masken-ROMs bereits während der Herstellung der Chips festgelegt,

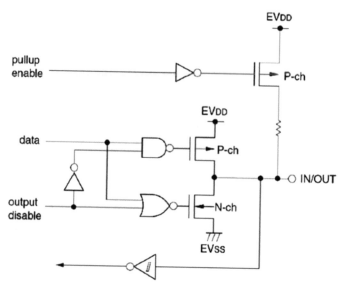

Abb. 3.4 Schaltbild eines GPIO Ports

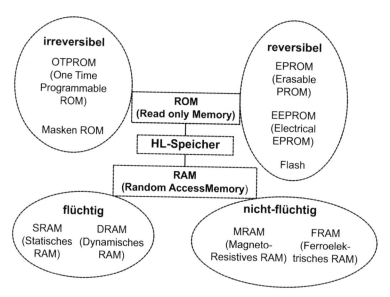

Abb. 3.5 Schematische Übersicht von Halbleiterspeichern

sodass nach der Produktion der Speicherinhalt nicht mehr verändert werden kann. Im Falle des Flash-Speichers gilt dies so nicht mehr, da dieser reversibel ist und auch im Betrieb gelöscht bzw. beschrieben werden kann. Dabei kann das Löschen bzw. Schreiben in der Regel nur in größeren Blöcken (z. B. einem Viertel der Gesamtspeichergröße) geschehen.

Aufgrund ihrer guten Skalierbarkeit, die vollständige Integration in die Standard-Halbleiterprozesse sowie die flexible Programmierbarkeit sind Flash-Speicher in modernen Mikrocontrollern sehr weit als Programm- und Datenspeicher verbreitet. Nachteilig sind die geringeren Datenraten im Vergleich zu RAM-Speichern sowie die Fehleranfälligkeit im Hinblick auf Bitfehler im Speicher. Die Fehleranfälligkeit wird durch geeignete Fehlererkennungs- und Fehlerkorrekturmaßnahmen reduziert.

Bei RAM-Speichern (Random-Access Memory) kann jede Speicherzelle über die Speicheradresse direkt lesend und schreibend angesprochen werden. In der Regel findet der Zugriff allerdings wortweise statt. Die wichtigen RAM-Speicherarten, SRAM und DRAM (Statisches bzw. Dynamisches RAM), sind flüchtige Speicher, d. h. sie behalten ihre Informationen nur so lange, wie sie an eine Spannungsversorgung angeschlossen sind. Während bei statischen flüchtigen Speichern die Informationen im eingeschalteten Zustand dauerhaft gespeichert sind, muss der Speicherinhalt bei dynamischen flüchtigen Speichern immer wieder, in der Größenordnung jede Millisekunde, erneuert werden, das sogenannte „refresh". Der Zugriff auf die RAM-Speicher ist wesentlich schneller als der Zugriff auf nicht-flüchtige Speicher wie den Flash-Speicher. Insbesondere die SRAM-Speicher weisen sehr schnelle Zugriffszeiten auf.

Nicht-flüchtige RAM-Speicher auf Basis des magnetoresistiven oder ferroelektrischen Effekts haben derzeit noch keine Verbreitung in Mikrocontrollern gefunden.

Der Datenaustausch zwischen unterschiedlichen Systemen und Komponenten spielt eine wesentliche Rolle für eingebettete Systeme. Schnittstellen- oder Interface-Module stellen dabei die Basis dar für die digitale Kommunikation und sind in der Regel Implementierungen der Sicherungsschicht (Data Link Layer) des OSI-Modells (s. auch Kap. 11), nicht der Bitübertragungsschicht (Physical Layer). Die Module übernehmen das Protokoll-Handling des jeweiligen Datenbussystems ohne Nutzung der CPU, sodass diese von der Aufgabe der Datenübertragung weitestgehend entbunden wird. Die Verbindung zur Außenwelt geschieht über alternative Funktionen der Ports, wie beim SCL11 Signal an Pin 32 des RL78 für den IIC-Bus. Für einfache Bussysteme wie SPI (Serial Peripheral Interface) oder IIC (Inter-Integrated Circuit) realisieren die GPIO Funktionalitäten die Bitübertragungsschicht des Bussystems. Für komplexere Datenbusse hingegen wird die Bitübertragungsschicht in dedizierten ICs realisiert. Die Transceiver, ein Kunstwort aus Transmitter (Sender) und Receiver (Empfänger), kommunizieren mit dem Mikrocontroller über digitale Signale und wandeln diese in die physikalischen Signale des jeweiligen Bussystems um und umgekehrt.

Abb. 3.6 zeigt den generellen Aufbau eines CAN Busses (Controller Area Network) als Beispiel. Für den CAN Bus sind die untersten beiden Schichten des OSI-Modells spezifiziert, die Bitübertragungsschicht und die Sicherungsschicht. Beide Mikrocontroller (MCU1 & 2) haben CAN Module, die über den TxD Pin die zu sendenden Daten zum CAN Transceiver übertragen. Der Transceiver wandelt die digitalen Signale in die entsprechenden differentiellen Signale des CAN Bus um und überträgt die differentiellen Signale über die verdrillte Zweidrahtleitung (CAN_H, CAN_L). Jeder

Abb. 3.6 Schaltbild eines
CAN Busses

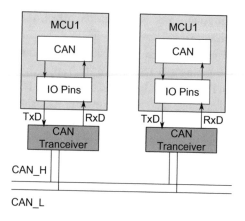

Transceiver empfängt die differentiellen Signale, wandelt diese wiederum in digitale Signale und sendet sie über den RxD Pin an das CAN Modul des Mikrocontrollers.

Der Einsatz von Peripherie-Modulen wie im Beispiel des CAN Busses vereinfacht die Kommunikation erheblich, da das gesamte Protokoll-Handling unabhängig von der CPU durch das Modul durchgeführt wird – solange das Modul richtig konfiguriert und initialisiert wurde. Für komplexere Bussysteme wie Ethernet sind auch höhere Schichten des OSI-Modells spezifiziert, sodass die Kommunikation wesentlich komplizierter werden kann, obwohl auch hierfür viele Funktionen direkt in Hardware realisiert sind. Nichtsdestotrotz wird zusätzlich noch eine anspruchsvolle Software für eine korrekte Ethernet-Kommunikation benötigt. Um dies möglichst zu vereinfachen werden dann in der Software vorgefertigte Softwaremodule (Middleware, s. auch Kap. 10 und 11), eingesetzt, die die benötigte Ethernet-Funktionalität zur Verfügung stellt.

Timer Module bestehen aus einzelnen Zählern und Timern, die einzeln oder gemeinsam genutzt werden können. Beide, Zähler und Teiler, zählen Ereignisse, der Unterschied liegt schlicht und einfach darin, was für Ereignisse gezählt werden. Zähler zählen einfach bestimmte Ereignisse, z. B. die Anzahl fallender Flanken an einem dedizierten Pin, und speichert diesen Wert. Timer sind dann sozusagen Spezialzähler, die zeitbasierte Ereignisse zählen oder generieren, z. B. die Anzahl von Takten, um daraus eine zeitbasierte Größe zu generieren. Timer Module können in vielen Betriebsmodi konfiguriert werden und bieten so eine hohe Flexibilität um Signale zu erzeugen oder Signale, Timings oder Ereignisse zu messen und zu zählen. So kann ein Timer Modul im Zähler Modus Eingangssignale erfassen um die Häufigkeit von Ereignissen zu zählen, oder im Timer Modus Zeitabstände, Perioden oder Pulsweiten zu messen. Ebenso kann das Timer Modul Signale generieren, sowohl Einzelpulse als auch periodische Pulse oder auch, durch die gekoppelte Nutzung mehrerer Timer, pulsweitenmodulierte Signale (PWM) erzeugen. Da Timer Module mehrere einzelne Timer und Zähler aufweisen, können mehrere dieser Operationen auf unterschiedlichen Kanälen gleichzeitig durchgeführt werden – wiederum ohne die CPU zu benötigen (Abb. 3.7).

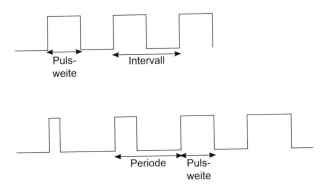

Abb. 3.7 Timer Modul: Erfassung von Signalen (oben) und PWM Generierung (unten)

Tab. 3.2 Vergleich von Analoger (ASV) und Digitaler Signalverarbeitung (DSV)

Analoge Signalverarbeitung	Digitale Signalverarbeitung
Signale sind zeit- und wertekontinuierlich	Signale sind zeit- und wertediskret
Signalqualität stark rausch- und störanfällig	Signale wesentlich robuster gegen Störungen
Hartverdrahtete Schaltung für dedizierte Funktionalität, geringe Flexibilität	Funktionalität durch Software bestimmt, hohe Flexibilität
Reproduzierbarkeit durch Bauteiltoleranzen (z. B. durch Temperatur, Alterung) evtl. schwierig	Geringer Einfluss von Bauteiltoleranzen, gute Reproduzierbarkeit
Datenspeicherung nicht ohne weiteres möglich	Einfache Datenspeicherung
Fehlererkennung und -korrektur nicht ohne weiteres möglich	Einfache Implementierung von Fehlererkennungs- bzw. korrektur

Ein spezielles Timer Modul stellt die häufig in Mikrocontrollern implementierte Real Time Clock (RTC) dar. Mithilfe dieser Echtzeituhr können zum Beispiel Zeit- und Datumsfunktionalitäten dargestellt werden. Zudem kann das Modul zur Generierung von zyklischen Interrupts oder Alarmfunktionen verwendet werden. Damit die Echtzeitfunktionalität in allen Betriebsmodi, wie z. B. den Stromsparmodi, gewährleistet ist, wird das RTC Modul, wenn es verwendet wird, nicht abgeschaltet und läuft in der Regel auf einer dedizierten Taktquelle.

Um auch mit der analogen Außenwelt kommunizieren zu können, müssen digitale Systeme wie Mikrocontroller entsprechende Module aufweisen, die die Umwandlung der Signale vornehmen. Die Verarbeitung von digitalen Signalen bietet darüber hinaus einige Vorteile gegenüber der analogen Signalverarbeitung, s. Tab. 3.2.

Ein Analog-Digital-Wandler (ADC, Analog-to-Digital-Converter) tastet zunächst ein analoges Eingangssignal ab und erzeugt daraus ein zeitdiskretes, aber immer noch wert-kontinuierliches Signal. Dazu setzt der ADC ein Sample- und Holdglied ein, dass aus einem Schalter und einer Kapazität besteht. Bei geschlossenem Schalter wird die Kapazität auf den Momentanwert des analogen Signals geladen. Dann wird der Schalter geöffnet, sodass die Kapazität den Momentanwert speichert und dieser dann quantisiert werden kann.

Bei der nachfolgenden Quantisierung des Signals wird dieses in seine wert-diskrete Repräsentierung umgewandelt, die mit einem gewissen Quantisierungsfehler behaftet ist. Die Anzahl an diskreten Werten hängt von der Auflösung des ADC ab, für integrierte ADC von Mikrocontrollern sind 8-, 10- oder 12-Bit Auflösung weit verbreitet. Dabei diskretisiert ein ADC mit n-Bit den analogen Wert in 2^n Quantisierungsstufen. So hat ein 10-Bit ADC mit einer Referenzspannung von 5 V Quantisierungsstufen von 4.88 mV und der maximale Fehler der Wandlung liegt bei 2.44 mV.

Die Wandlungszeit ist die Zeit, die der ADC für die komplette Wandlung eines Signals benötigt. Für ADCs, die in Mikrocontroller integriert sind, liegen typische Wandlungszeiten in der Größenordnung von 0.1 µs bis 10 µs. Durch die Wandlungszeit ist direkt die Abtastfrequenz gegeben und liegt damit für ADCs von Mikrocontrollern bei 100 kHz bis 10 MHz. Dabei ist zu beachten, dass für die Zeitdiskretisierung das Shannon-Nyquist-Kriterium eingehalten werden muss, um Aliasing zu vermeiden. Dies besagt, dass die Abtastfrequenz mindestens doppelt so hoch sein muss wie die höchsten Signalfrequenzen. In der Regel wird dafür vor den ADC ein Tiefpass mit passender Grenzfrequenz eingebaut, der die hochfrequenten Signalanteile ausfiltert.

Es gibt eine Vielzahl an Verfahren bzw. ADC-Architekturen, wie die wertmäßige Diskretisierung des Signals realisiert wird, alle mit spezifischen Vor- und Nachteilen (Tab. 3.3). Weit verbreitet sind SAR (Successive Approximation Register) und Sigma-Delta-ADCs, wobei insbesondere die DAR-ADCs in modernen Mikrocontrollern eingesetzt werden, da sie eine große Leistungsfähigkeit mit einer geringen Leistungsaufnahme kombinieren (Abb. 3.8).

Ein Digital-Anaolg-Wandler (DAC) führt die umgekehrte Wandlung wie ein ADC durch, konvertiert also digitale Werte in den entsprechenden analogen Ausgangswert. Abb. 3.9 zeigt eine schematische Darstellung eines DACs, der aus n Eingangsbits eine analoge Ausgangsspannung generiert. Für einen n-Bit DAC mit einer Referenzspannung U_{ref} ergibt sich so eine analoge Ausgangsspannung von:

$$U = \frac{Digitalwert}{2^n} U_{ref} \tag{3.1}$$

Tab. 3.3 Eigenschaften von verbreiteten ADC-Architekturen

Architektur	Vor- und Nachteile
Flash	Schnellste Wandlung innerhalb eines Taktes, großer Schaltungsaufwand
SAR	Wägeverfahren, daher langsamer als Flash ADC, aber geringe Leistungsaufnahme
Delta-Sigma	Hohe Auflösung, geringe Abtastfrequenz

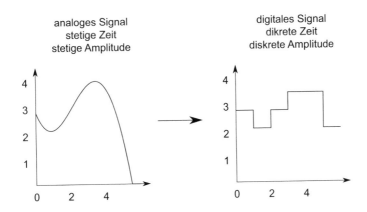

Abb. 3.8 ADC Wandlung eines analogen Signals

Abb. 3.9 Schematische
Darstellung eines DAC

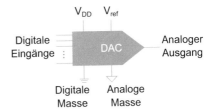

Wie bereits oben beschrieben ist die Rechenleitung der CPU bei Mikrocontrollern eine sehr begrenzte Ressource, sodass diese möglichst effizient eingesetzt werden sollte mit dem Fokus auf die zu realisierende Anwendung. Einfache Aufgaben wie die interne Datenübertragung zwischen Peripheriemodulen sind dabei zwar notwendig, stellen aber für die CPU eine Verschwendung von Rechenleistung dar, die sinnvoller genutzt werden kann. Daher bieten DMA-Module (Direct Memory Access) die Möglichkeit, die CPU um einfache Datentransfers zwischen Modulen zu entlasten. DMA-Module stellen dabei über den internen Bus direkte Datenverbindungen zwischen Peripheriemodulen und dem Arbeitsspeicher bzw. den Registern dar. Somit besteht durch den DMA-Controller die Möglichkeit, sehr schnell Daten zu übertragen, ohne dass die CPU belastet wird. Für einen Kanal des DMA-Moduls werden Start- und Zieladresse konfiguriert und der Datentransfer wird durch ein Ereignis wie einem zugeordneten Interrupt oder per Software angestoßen. Die Daten werden dann gemäß der DMA-Konfiguration von der Start- in die Zieladresse übertragen (Abb. 3.10). Sollen z. B. Sensorwerte eines analogen Sensors über CAN übertragen werden, so kann der ADC nach erfolgreicher Wandlung einen Interrupt generieren. Dieser Interrupt dient als Trigger für den DMA-Transfer aus dem ADC-Ergebnisregister in das CAN-Senderegister – alles ohne Nutzung der CPU.

Zeitkritische Systeme, z. B. für Echtzeit-Anwendungen, benötigen einen Mechanismus, um sehr schnell auf interne oder externe Ereignisse reagieren zu können. Um

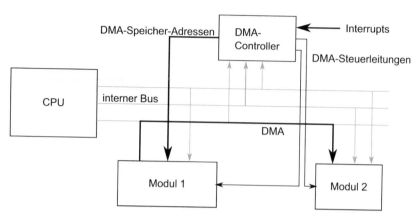

Abb. 3.10 Schematische Darstellung des DMA-Moduls zum Datentransfer

Abb. 3.11 Prinzip der
Interrupt-Behandlung

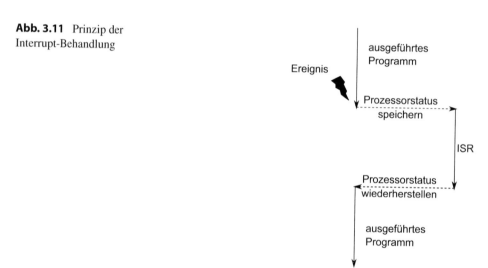

eine schnelle Reaktionszeit zu erreichen werden in der Regel Interrupts verwendet. Ein
Interrupt machen genau das, was der englische Name impliziert: er unterbricht die Ausführung des aktuellen Programms, um auf das Ereignis, das dem Interrupt zugeordnet ist,
zu reagieren. Sobald das Ereignis auftritt, wird die Programmabarbeitung unterbrochen
und der Status der CPU wird im Stack gespeichert. Anschließend wird der Interrupt derart bearbeitet, dass das passende Code-Segment, die Interrupt-Serviceroutine (ISR), ausgeführt wird. Diese führt die Aktionen aus, die notwendig sind, um entsprechend den
Anforderungen der Anwendung auf das Ereignis zu reagieren. Sobald der Interrupt fertig bearbeitet wurde, also die ISR komplett durchlaufen wurde, wird der ursprüngliche
Prozessorstatus, der vor dem Interrupt gespeichert wurde, vom Stack wieder hergestellt
und das normale Programm arbeitet weiter (Abb. 3.11).

In der Regel gibt es allerdings nicht nur ein Ereignis, auf das mit einer ISR reagiert werden soll, sondern zahlreiche Ereignisse und dementsprechend viele Interrupts. Um diese Interrupts strukturiert und definiert behandeln zu können, ist ein dediziertes Interrupt-Handling durch einen Interrupt Controller notwendig. Dieser ermöglicht eine Priorisierung, Zuteilung und Maskierung von Interrupts, die asynchron zu beliebigen Zeitpunkten auftreten können.

- Ein Interrupt Request (IRQ) wird von einer Interrupt-Quelle (Peripheriemodul, Software, externer Interrupt-Pin) an den Interrupt Controller gesendet, z. B. IRQ_1
- Der Interrupt Controller prüft, ob der Interrupt maskiert ist (maskierte Interrupts werden nicht behandelt)
- Der Interrupt Controller prüft, ob bereits ein anderer Interrupt Request (IRQ_2) auf die Zuteilung der CPU wartet
- Wenn kein anderer Interrupt Request wartet und die Priorität des Interrupt Requests IRQ_1 ausreichen hoch ist, beginnt die Interrupt Bearbeitung, indem der Prozessorstatus auf dem Stack gespeichert wird, der Programm Counter mit dem Startvektor der ISR geladen wird und die Abarbeitung der ISR beginnt
- Wenn ein anderer Interrupt Request (IRQ_2) auf die CPU Zuteilung wartet, so wird der IRQ mit der höheren Priorität zuerst bearbeitet, dann der andere mit niedriger Priorität

Treten mehrere Interrupts gleichzeitig auf, so entscheidet der Interrupt Controller aufgrund der Priorisierung, in welcher Reihenfolge die Interrupts abgearbeitet werden. Wenn ein Interrupt auftritt, während bereits ein anderer Interrupt bearbeitet wird, hängt es von dem Zuteilungsmechanismus der Interrupt Controllers sowie den jeweiligen Prioritäten ab, wie auf den neuen Interrupt reagiert wird. So kann die Abarbeitung der laufenden ISR durch den neuen Interrupt unterbrochen werden, wenn die Priorität ausreichend hoch ist (Abb. 3.12 rechts), oder es gibt für den neuen Interrupt keine Möglichkeit, die laufende ISR zu unterbrechen (Abb. 3.12 links).

3.2   ARM®-Architektur

Im Laufe der Entwicklung von Prozessoren und Controllern haben sich zwei gegensätzliche Architekturen für die CPU herausgebildet, CISC und RISC. Bei der CISC (Complex Instruction Set Computer) Architektur weist der Befehlssatz viele und zum Teil sehr komplexe Befehle auf. Dadurch kann der Programmcode kurz und kompakt gehalten werden. Die komplexen Befehle werden dabei durch wiederum eigene kleine Programme, sogenannten Microcode, dargestellt, wodurch die Ausführungsdauer der Befehle unterschiedlich ist. Aufgrund der unterschiedlichen Ausführungsdauern kann aber keine (oder nur sehr schwer) Befehlspipeline implementiert werden, sodass die

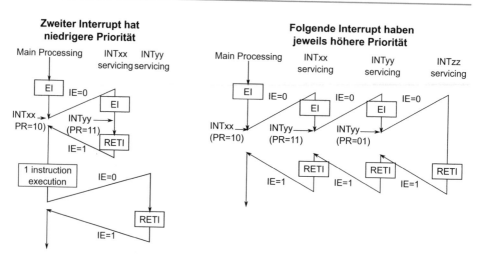

Abb. 3.12 Abarbeitung von parallelen Interrupts, ohne Unterbrechung (links) und mit Unterbrechung für Interrupts mit höherer Priorität (rechts)

Rechenleistung der CISC Architektur dadurch beschränkt bleibt. Dabei werden die komplexen Befehle häufig nicht oder nur selten verwendet, sodass auch ein Aufbau aus einfacheren Befehlen möglich ist.

Dieser Ansatz wird bei RISC (Reduced Instruction Set Computer) Architektur verfolgt, die im Gegensatz zur CISC Architektur nur wenige und einfache Befehle aufweist. Dadurch wird der Programmcode größer als im Vergleich zur CISC Architektur. Die Befehle sind derart gestaltet, dass sie alle eine definierte Ausführungsdauer haben, sodass eine Befehlspipeline zur Beschleunigung der Abarbeitung der Befehle einfach implementiert werden kann. Daraus ergibt sich die Behauptung, dass die Leistungsfähigkeit von RISC Architekturen höher ist als von CISC Architekturen. Da aus Anwendersicht die Schnelligkeit der Ausführung des Anwenderprogramms eine wichtige Rolle spielt, nutzen moderne Mikrocontrollern in der Regel eine RISC Architektur (Reduced Instruction Set Computer) als Basis, die eventuell um einige wenige komplexere Befehle erweitert wird. RISC Architekturen haben einige generelle Eigenschaften:

- Befehlssatz mit wenigen und einfachen Befehlen
- Load/Store-Architektur, d. h. nur zwei Befehle können auf den Speicher zugreifen, Load liest vom Speicher und Store schreibt in den Speicher
- Alle anderen Befehle arbeiten nur mit den Registern
- Große Anzahl an Registern (General-Purpose Register)
- Alle Befehle haben gleiche Ausführungssequenz und -dauer
- Eine Befehlspipeline beschleunigt die Abarbeitung, sodass typischerweise ein Befehl pro Takt beendet wird

Der Aufbau und die Abarbeitung der Befehle ist dabei bei einer dedizierten RISC Architektur immer gleich. Beispielhaft sei der Prozess der Befehlsverarbeitung an Hand eines Beispiels mit 3 Schritten dargestellt: Der Befehl wird zunächst aus dem Speicher gelesen (Instruction Fetch, IF). Im zweiten Schritt (Instruction Decode, ID) wird der Befehl decodiert und die Operanden in die Register eingelesen. Im dritten Schritt findet die eigentliche Berechnung statt und das Zurückschreiben des Ergebnisses (Execute, MEM). Ohne Befehlspipeline werden alle Schritte sequenziell hintereinander ausgeführt, sodass erst nach 3 Takten die Abarbeitung eines neuen Befehls starten kann. Somit benötigt ein Befehl 3 Takte.

Die Idee bei der Befehlspipeline liegt darin, die Abarbeitung der Befehle derart hintereinander zu verschachteln, dass es im Mittel so aussieht, als würde jeder Befehl nur einen Takt zur Bearbeitung benötigen. Dabei wird ausgenutzt, dass durch die strikte Trennung der 3 Schritte diese 3 Schritte parallel ausgeführt werden, allerdings nicht für einen Befehl, sondern für 3 Befehle. Dieser Effekt einer Pipeline ist in Abb. 3.13 dargestellt. Der erste Befehl wird aus dem Speicher gelesen (IF). Im nächsten Takt wird dieser Befehl decodiert (ID), gleichzeitig wird bereits der nächste Befehl aus dem Speicher gelesen (IF). Im nächsten Takt wird der Befehl 1 ausgeführt und das Ergebnis zurückgeschrieben (MEM), der Befehl 2 decodiert und der Befehl 3 aus dem Speicher gelesen. Nach 3 Takten ist der erste Befehl wie gehabt abgearbeitet, nach dem 4. Takt aber, durch die Parallelisierung, wird bereits der 2. Befehl beendet, nach dem 5. Takt der Befehl 3 usw. D.h. nachdem die Befehlspipeline einmal gefüllt wurde wird mit jedem Takt ein Befehl beendet. Damit sieht es nach außen so aus, also ob die Abarbeitung eines Befehls nur einen Takt benötigt, obwohl jeder Befehl immer noch 3 Takte für die Ausführung braucht. So wird eine wesentliche Beschleunigung der Befehlsausführung erreicht.

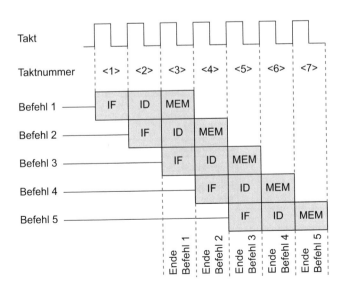

Abb. 3.13 Befehlspipeline für Befehle mit 5 Schritten

Falls es Abhängigkeiten zwischen den Befehlen gibt (z. B. wenn der Folgebefehl Ergebnisse des vorherigen Befehls benötigt) oder wenn es Programmverzweigungen gibt (z. B. bei Interrupts), so sorgt die Hardware der CPU dafür, dass diese Störungen der Pipeline korrekt behandelt werden, sodass im Endeffekt die mittlere Ausführungsgeschwindigkeit der Befehle etwas kleiner sein wird als ein Befehl pro Takt.

Da die RISC Architektur eine hohe Rechenleistung mit einer großen Leistungseffizienz kombiniert und sie in der Regel kleinere Chipflächen benötigt als entsprechende CISC Architekturen, ist sie prädestiniert für den Einsatz in eingebetteten Systemen. Eine in eingebetteten Systemen sehr weit verbreitete Prozessorarchitektur ist die berühmte ARM®-Architektur, die Anfang der 1980er Jahre von der britischen Firma Acorn entwickelt wurde. Die ARM®-Architektur wurde im Laufe der Jahre immer weiterentwickelt und die aktuellen Versionen sind ARMv7 und ARMv8. Da ARM®-Prozessoren sehr stromsparend sind und dennoch eine hohe Rechenleistung erreichen, wird die Architektur von sehr vielen, wenn nicht allen, Halbleiterherstellern lizenziert und in Mikrocontrollern und -prozessoren eingesetzt. Daher finden sich ARM®-Prozessoren in unzähligen Produkten, z. B. in Smartphones und Tablets oder IoT Anwendungen. Aufgrund dieser großen Marktdurchdringung wurden bis 2017 schätzungsweise mehr als 100 Mrd. ARM®-Prozessoren verkauft.

Viele Eigenschaften der ARM®-RISC-Architektur unterstützen die Anforderungen von Mikrocontrollern in eingebetteten Systemen, wie die geringe Stromaufnahme und die große Leistungsfähigkeit (wobei man die Leistungsfähigkeit natürlich nicht mit der von Mikroprozessoren wie einem Intel i7 Prozessor vergleichen darf). Zudem kann der ARM®-Prozessor sehr gut integriert werden, um komplexe System-on-Chip (SoC) und Mikrocontroller zu realisieren. Der ARM®-Prozessor besitzt eine Harvard-Architektur mit separaten Speichern und Datenleitungen für Befehle und Daten. Bis zur Version ARMv7 wies der Prozessor einen 32-Bit Adress- und Datenbus auf, ARMv8 unterstützt auch 64-Bit. Der eingebettete Interrupt-Controller ermöglicht eine sehr kurze Latenzzeit für die Reaktion auf Ereignisse, was insbesondere für Echtzeitsysteme und -anwendungen zwingend notwendig ist. Wie in Tab. 3.4 aufgeführt verfügt der ARM®-Core über sieben Betriebsmodi. Das normale Anwendungsprogramm läuft im

Tab. 3.4 Betriebsmodi eines ARM®-Cores [2]

Modus	Beschreibung
User	Unprivilegierter Modus für Standard-Tasks
System	Privilegierter Modus, gleicher Registersatz wie im User Modus
FIQ	Modus für Interrupts mit hoher Priorität (Fast Interrupts)
IRQ	Modus für normale Interrupts
Supervisor	Modus, der nach einen Reset oder SW Interrupt genutzt wird
Abort	Bearbeitung von Speicherzugriffsfehlern
Undef	Bearbeitung von undefinierten Befehlen

	Register	Anzahl
Tab. 3.5 Register des ARM®-Cores [2]	General Purpose Register	30
	Saved Program Status Register	5
	Current Program Status Register	1
	Programzähler	1

User Modus bis eine Ausnahme auftritt (z. B. ein Interrupt) und der zugehörige Modus genutzt wird [1].

Der Registersatz des ARM®-Cores besteht aus General Purpose Registern und Spezialregistern und ist für alle ARM®-Versionen gleich (Tab. 3.5). Welche Register zur Verfügung stehen, hängt vom jeweiligen Betriebsmodus ab. In jedem Modus können die General Purpose Register r0 – r21, der Stackpointer (r13), das Linkregister (r14), der Programzähler (r15) und das Current Program Status Register (cpsr) verwendet werden.

Eine bekannte Version des ARM®-Cores ist der ARMv7E-M, auch unter ARM® Cortex-M4F bekannt [3]. Dieser Core wird z. B. auch in den Renesas Synergy™ Mikrocontrollern S3, S5 und S7 eingesetzt (der S1 nutzt dagegen den ARM® Cortex-M0+). Er wird besonders gerne in eingebetteten Systemen eingesetzt, da zum einen die Größe des Siliziumchips aufgrund einer relativ geringen Transistoranzahl klein sein kann (und damit der Preis gering sein kann) und die Vorhersagbarkeit der Befehlsabarbeitung sehr hoch ist. Er nutzt eine 3-stufige Befehlspipeline zur Parallelisierung und Beschleunigung der Befehlsverarbeitung und zwei unterschiedliche Befehlssätze, den normalen 32-Bit ARM®-Befehlssatz und einen 16-Bit Thumb und Thumb2 Befehlssatz. Zudem unterstützen dedizierte DSP Komponenten viele Anwendungen im Bereich der digitalen Signalverarbeitung und die integrierte Gleitkommaeinheit (FPU, Floating Point Unit), die IEEE 754 konform ist, ermöglicht schnelle Gleitkommaoperationen [4]. Bis zu 240 Interrupts mit einer sehr kurzen Interrupt-Latenzzeit von nur 12 Takten stehen zur Verfügung. Dabei können die Interrupts mit bis zu 256 Prioritätsstufen priorisiert werden. Eine dedizierte Memory Protection Unit (MPU) kann zum Schutz des Speichers verwendet werden. Durch die MPU können die Hardwaremodule nur auf spezifische Speicherbereiche zugreifen, die sie für ihren Betrieb benötigen. So können sie nicht fehlerhaft auf andere Speicherbereiche zugreifen, wodurch das unbeabsichtigte Überschreiben von Speicherinhalten verhindert wird.

3.3 Renesas Synergy™ Mikrocontroller

Nach der kurzen allgemeinen Einführung in die Welt der Mikrocontroller und der ARM®-Architektur sollen die vorgestellten Eigenschaften und Module am Beispiel der Mikrocontroller der Renesas Synergy™ Plattform verdeutlicht werden. Einer dieser Mikrocontroller, S7G2, ist auch das zentrale Bauteil der Starter Kits, das im praktischen

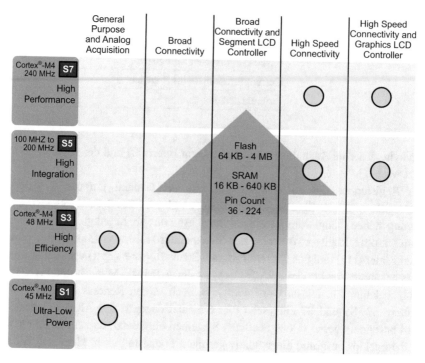

Abb. 3.14 Line-Up der Renesas Synergy Mikrocontroller

Teil zur Realisierung eigener Projekte eingesetzt wird. Daher wird dieser Mikrocontroller genauer beschrieben.

Wie in Abb. 3.14 dargestellt besteht die Synergy Mikrocontroller Familie aus vier Serien, S1, S3, S5 und S7. Ziel dieser Sx-Familie ist dabei, eine maximale Flexibilität für jegliche Anwendung zu bieten und gleichzeitig eine hohe Kompatibilität zwischen den Bauteilen zu gewährleisten. Jede Serie adressiert einen dedizierten Anwendungsbereich, von Low-Power-Anwendungen wie mobilen und batteriebetriebenen Systemen bis hin zu rechenintensiven Steuerungs- und Displayanwendungen [5].

Bei allen Unterschieden zwischen den Serien gibt es auch einige Gemeinsamkeiten, z. B. bei der Silizium-Technologie. Sowohl die S1- als auch die S3-Serie nutzen einen 130 nm Prozess, der im Hinblick auf eine geringe Leistungsaufnahme optimiert wurde. Die Versorgungsspannung kann dabei in einem Bereich von 1.6 V bis 5.5 V variieren. Dahingegen nutzen die S5- und die S7-Serie einen 40 nm Prozess, der eine hohe Rechenleistung bei einer Versorgungsspannung von 2.7 V bis 3.6 V ermöglicht. Allen Serien gemeinsam ist der erlaubte Betriebstemperaturbereich von -40 °C bis 105 °C.

Eine Grundidee von Mikrocontroller-Familien ist die Kompatibilität der Bauteile der Familie und die daraus resultierende Flexibilität in der Auswahl des passenden Bauteils. Ganz grundlegend dabei ist, dass die CPU in allen Bauteilen gleich ist, um den

Umstieg auf ein anderes Bauteil so einfach wie möglich zu gestalten. So wird eine hohe Wiederverwertbarkeit der Software erreicht, wodurch in der Entwicklung schnell und einfach auf Änderungen, z. B. der Anforderungen, reagiert werden kann. Die drei Serien S3, S5 und S7 setzen den ARM® Cortex-M4F Core ein und bieten damit die passende Flexibilität auch zwischen den drei Serien. Dagegen setzt die S0 Serie den ARM® Cortex-M0+ein, sodass hier die Wiederverwertbarkeit der Software leicht eingeschränkt ist, wobei durch die Verwendung von geeigneten Software-Schichten eine Abstraktion von der Hardware derart erreicht werden kann, dass die Austauschbarkeit der Hardware wiederum gegeben ist (s. Kap. 7) [6].

Jede Serie weist Bauteile in unterschiedlichen Gehäusen, mit unterschiedlicher Pinzahl auf und Speichergrößen auf (Abb. 3.15). So nutzt die S7-Serie drei unterschiedliche Gehäuseformen, BGA (Ball Grid Array), LQFP (Low Profile Quad Flat Package) und LGA (Land Grid Array) und die Pinzahl variiert von 100 bis zu 224. Somit kann zunächst eine Pin-to-Pin Kompatibilität erreicht werden, nicht nur innerhalb einer Serie, sondern auch zwischen den Serien – und dass alles mit der gleichen CPU (oder zumindest sehr ähnlichen CPU wie bei der S1-Serie). Auch der Einsatz eines anderen Gehäuses ist so einfach möglich, z. B. von einem 100-Pin LQFP zu einem 224-Pin BGA – zumindest im Hinblick auf die Software, das PCB muss natürlich geändert werden…

Zudem kann bei Bedarf die Speichergröße an die Anforderungen angepasst werden, ohne das Gehäuse oder die Serie wechseln zu müssen. Der integrierte Speicher, sowohl RAM als auch Flash-Speicher, ist in verschiedenen Größen verfügbar. Die S7-Serie weist bis zu 4 MB an Flash-Speicher auf, aber auch eine Variante mit nur 64 kB

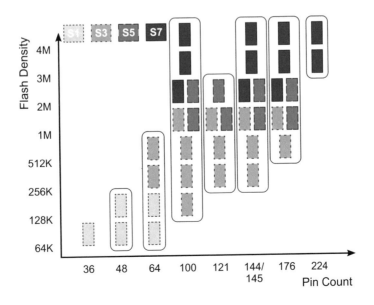

Abb. 3.15 Übersicht der Bauteile der Synergy Sx Familie (Stand 2018) [6]

ist erhältlich. Da die Größe des Speichers die Größe des Silizium-Chips wesentlich mitbestimmt und damit ein wichtiger Faktor für den Preis eines Bauteils ist, kann so die wirtschaftlich beste Lösung gefunden werden.

Auch die Peripherie-Module unterstützen die Kompatibilität, da die Module in allen Derivaten die gleichen Grundfunktionen ausweisen und diese abwärtskompatibel sind: für komplexere Bauteile skalieren die Features der Module hoch, d. h. sie bieten mehr Funktionalität als bei einfacheren Mikrocontrollern der Familie. Die Synergy Mikrocontroller -Familie wird beständig weiterentwickelt und vergrößert, sodass die angegebenen Bauteile der einzelnen Serien den Stand Ende 2017 widerspiegelt. Für neue Projekte und Anwendungen lohnt auf jeden Fall, sich über den neuesten Stand der verfügbaren Bauteile zu informieren.

3.3.1 S1-Serie

Die S1-Serie basiert auf der ARM® Cortex-M0+CPU und ist auf geringe Leistungsaufnahme hin und für den Einsatz in mobilen und batteriebetriebenen Anwendungen optimiert. Durch die verwendete Technologie ist die minimale Betriebsspannung nur 1.6 V und die Stromaufnahme liegt im Betrieb bei 70.3 µA/MHz, d. h. selbst bei der maximalen Taktrate von 32 MHz nimmt der Controller nur 2.3 mA auf. Dedizierte Betriebsmodi können darüber hinaus den Stromverbrauch weiter reduzieren, z. B. bis auf 440 nA im Software-Standby-Mode.

Stand Ende 2017 besteht die S1-Serie aus 9 Derivaten in 3 unterschiedlichen Gehäusen mit maximal 64 Pins. Neben einem 16 kB SRAM und einem 4 kB Flash-Speicher für Daten gibt es einen Flash-Speicher für den Softwarecode mit 128 kB oder 256 kB. Abb. 3.16 zeigt die Eigenschaften und Peripherie-Module der S1-Serie. Für den Datenaustausch stehen Module für die Vernetzung in lokalen Netzwerken, z. B. I²C, SPI und USB, zur Verfügung, zudem ein CAN Modul für die Integration in einen CAN-Bus. Neben Standard-Modulen wie analogen Modulen und Timern weist die Serie auch Module mit speziellen Funktionen auf. Das Safety-Modul stellt Sicherheitsfunktionen für die Hard- und Software zur Verfügung: Speicherschutz, ADC Diagnose oder einen Watchdog-Timer. Als HMI (Human-Machine-Interface) kann ein kapazitiver Touch-Sensor an die entsprechende Hardware-Einheit angeschlossen werden.

3.3.2 S3-Serie

Eine höhere Leistungsfähigkeit als die S1-Serie stellt die S3-Serie zur Verfügung, wobei durch die eingesetzte Technologie auch die Stromaufnahme gering bleibt, sodass neben mobilen Systemen insbesondere HMI-Anwendungen mit mittlerem Rechenleistungsbedarf im Fokus stehen (Abb. 3.17). Dies wird durch den Einsatz des leistungsfähigeren ARM® Cortex-M4F in Verbindung mit zusätzlichen Peripherie-Modulen erreicht. Die

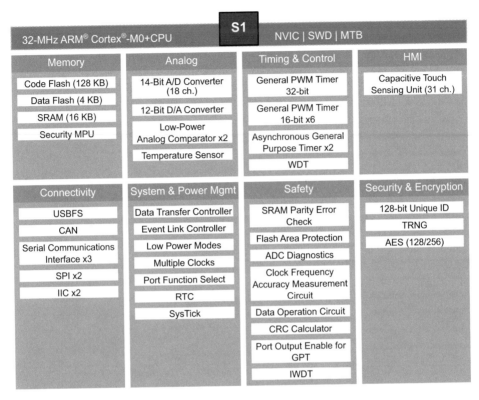

Abb. 3.16 Eigenschaften und Peripherie-Module der S1-Serie [7]

maximale Stromaufnahme bei der höchsten Taktrate von 48 MHz beträgt 12 mA, im Software-Standby-Mode kann diese bis auf 900 nA reduziert werden. 7 Derivate sind in vier Gehäusevarianten mit bis zu 145 Pins verfügbar und für den Code beträgt die Größe des Flash-Speichers bis zu 1 MB. Die zusätzlichen Peripherie-Module unterstützen die Zielanwendungen. So kann das SDHI-Modul (Secure Digital Host Interface) für den Datenaustausch mit einer SD-Karte oder Multimedia Card genutzt werden und der LCD Controller zum Anschluss eines LCDs.

3.3.3   S5-Serie

Zielanwendungen für die S5-Serie sind insbesondere Industrie-, IoT- und HMI-Applikationen wie Bewegungs- und Positionssteuerung, Metering oder Kommunikations-Gateways. Die Mikrcontroller der S5-Serie haben eine maximale Taktrate von 120 MHz, sodass der ARM® Cortex-M4F Core mit integrierter FPU auch rechenintensive Aufgaben übernehmen kann. Dazu passend ist der große Flash-Speicher für den Programmcode von bis zu 2 MB. Neben den bereits aus der S1- und S3-Serie bekannten Modulen weist

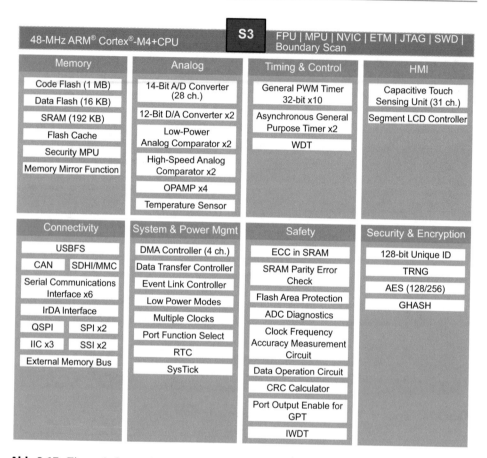

Abb. 3.17 Eigenschaften und Peripherie-Module der S3-Serie [8]

die S5-Serie noch zahlreiche weitere Module für Vernetzung, HMI oder Sicherheit auf (Abb. 3.18). Im Bereich der Vernetzung sind insbesondere die Ethernet Controller wichtig, um den Mikrocontroller, im Zusammenspiel mit entsprechenden Software-Stacks (Kap. 11), direkt ins Internet einbinden zu können. Einfache TFT LCD Displays können mit dem dazugehörigen Modul angeschlossen werden. Für die S5-Serie sind 10 Bauteile in drei unterschiedlichen Gehäusen und mit bis zu 176 Pins verfügbar.

3.3.4 S7-Serie

Die höchste Rechenleistung und die größte Anzahl an Hardware-Modulen weisen die Mikrocontroller der S7-Serie auf (Abb. 3.19). Der 4 MB große Flash-Speicher bietet ausreichend Speicherplatz, sodass ein externer Speicher auch für komplexe

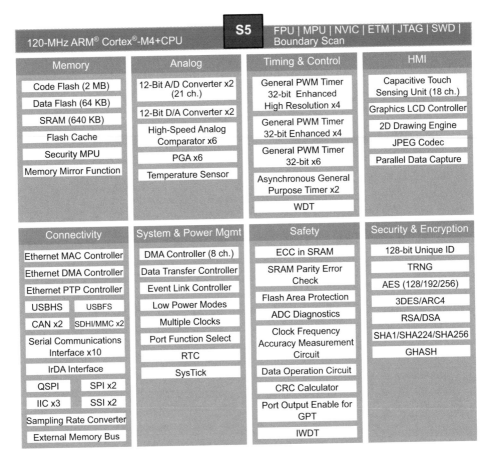

Abb. 3.18 Eigenschaften und Peripherie-Module der S5-Serie [9]

Anwendungssoftware entfallen kann. Die komplexe Software wird wiederum durch ein ARM® Cortex-M4F Core abgearbeitet. Der Core läuft mit maximal 240 MHz und in Verbindung mit einem zero-wait-state SRAM können komplexe Algorithmen sehr schnell bearbeitet werden können. Die Möglichkeiten zur Vernetzung wurden durch entsprechende Module erweitert, insbesondere auch im Hinblick auf eine sichere Datenübertragen. Mittels eines dedizierten Security- und Verschlüsselungsmoduls kann volle Hardware-Beschleunigung für Funktionen wie Kryptographie, HASH Algorithmen oder Verschlüsselung erreicht werden. Ein mächtiges Grafikmodul kann dynamische TFTLCD Display ansteuern. 11 Bauteile der S7-Serie sind in drei unterschiedlichen Gehäuseformen mit bis zu 224 Pins erhältlich. Zielanwendungen sind komplexe HMIs, Kommunikationsnetze, industrielle Automatisierung und PLC.

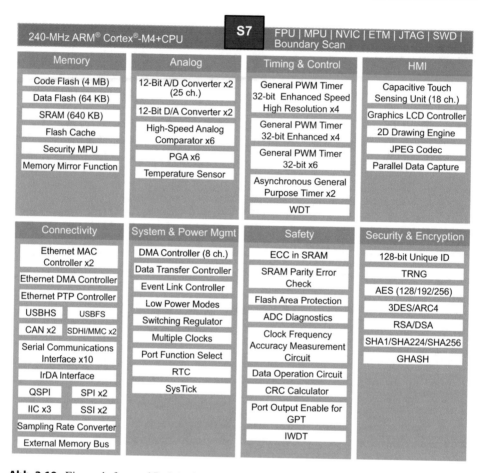

Abb. 3.19 Eigenschaften und Peripherie-Module der S7-Serie [10]

3.3.5 S7G2 Mikrocontroller

Der S7G2 Mikrocontroller im 176-Pin LQFP Gehäuse ist ein Bauteil aus der S7-Serie und abgesehen von einigen ADC Kanälen und einigen CTSU Pins (Capacitive Touch Sensing Unit) weist er alle Funktionen und Module der Renesas Synergy™ Mikrocontroller auf. Somit können alle wichtigen Module der Familie an diesem Beispiel dargestellt werden. Zudem wird dieser Mikrocontroller in dem Starter Kit verwendet, das Basis des Praxisprojekts (Kap. 13) ist. Um einen genauen und detaillierten Überblick über die Komplexität und Funktionalität dieses Bauteils zu erhalten, muss man nur das S7G2 User's Manual lesen – nur rund 2100 Seiten… [11] Von daher ist es nicht verwunderlich, dass im Rahmen dieses Buches das Bauteil nicht vollständig vorgestellt werden kann, sondern der Fokus auf einigen wichtigen Eigenschaften und Modulen liegt.

Einen ersten groben Überblick über den S7G2 gibt bereits Abb. 3.19. ARM®
Cortex-M4F Core, der mit maximal 240 MHz getaktet wird, wird durch eine FPU
in Gleitkommaoperationen mit einfacher Genauigkeit (single precision) unterstützt.
Dedizierte Stromspar-Modi (Low Power Modes) ermöglichen die Reduktion der Stromaufnahme, falls dies von der Anwendung gefordert und ermöglicht wird.

Das Interrupt-Handling ist zweistufig aufgebaut und besteht aus einer dedizierten
Interrupt Control Unit (ICU) in Verbindung mit dem Nested Vectored Interrupt Controller (NVIC) des ARM® Cores. Das NVIC Modul unterstützt bis zu 240 Interrupts
und 256 unterschiedliche Prioritäten der Interrupts, wobei die Prioritäten dynamisch
geändert werden können. Die Kombination der Synergy spezifischen ICU mit dem Stan-
dard-NVIC Modul ermöglicht sehr kurze Interrupt-Latenzzeiten, eine große Flexibilität
und die konfigurierbare Priorisierung für bis zu 316 Interrupt-Quellen von den Peripheriemodulen und den 16 externen Interrupt-Pins (Abb. 3.20).

Obwohl der S7G2 Mikrocontroller einen 4 GB großen linearen Adressbereich adres-
sieren kann und der Speicher damit zunächst riesig aussieht, so sind doch nur Teile dieses Adressbereichs mit physikalischen Speichern hinterlegt. Zudem sind die verwendeten
Speicher sehr unterschiedlich – flüchtig, nicht flüchtig, ... Ein 4 MB bzw. 64 kB
Flash-Speicher für das Programm bzw. Daten dienen als nicht flüchtige Speicher. Als
flüchtige Speicher stehen zwei SRAM zur Verfügung. Dabei wird das 640 kB high-speed
SRAM für Daten und Parameter für die Datensicherheit durch eine Fehlererkennung,
z. B. ein Paritätsbit, geschützt. Der Inhalt des 8 kB Standby-SRAM wird sogar während
des deep software standby Modes gespeichert.

Vernetzung
Wie bereits in Abb. 3.19 dargestellt weist der S7G2 eine große Anzahl unterschiedlicher Peripheriemodule für die Vernetzung auf. Somit bieten sich zahlreiche Möglichkeiten, den Mikrocontroller mit andern Bauteilen zu vernetzen, um so eine große
Flexibilität für jegliche Anforderung der Anwendung an die Vernetzung zu haben – eine

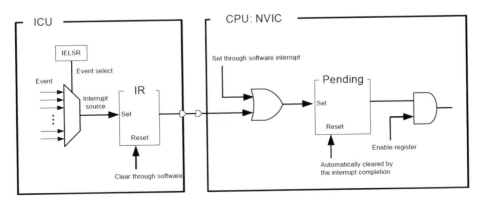

Abb. 3.20 Interrupt-Pfad von ICU und NVIC

Grundvoraussetzung für IoT Anwendungen. Für mehr Details zur Vernetzung und Bussystemen s. Kap. 11.

Die Liste der verfügbaren Schnittstellen beginnt mit Modulen zur lokalen Vernetzung mit Sensoren oder anderen ICs auf dem gleichen PCB. Das Serial Communication Interface (SCI) kann in fünf unterschiedliche synchrone und asynchrone Betriebsmodi konfiguriert werden, um Schnittstellen wie UART (Universal Asynchronous Receiver Transmitter) oder einfache Varianten von I^2C oder SPI zu realisieren. Für komplexere I^2C und SPI Kommunikation stehen dann auch dedizierte Hardwaremodule zur Verfügung. So können bis zu 3 I^2C Kanäle mit Datenraten bis zu 1Mbit/s genutzt werden, im Master-, Multimaster- oder Slavemode. Um das nicht-standardisierte SPI Protokoll bedienen zu können, kann die SPI Schnittstelle sehr flexibel konfiguriert werden, z. B. im Hinblick auf das Datenformat, die Länge der Bits oder die Polarität des Taktsignals. Zwei SPI Kanäle können im high-speed und full-duplex Mode operieren.

Ein insbesondere in Automobil- und Industrie- und Medizinanwendungen weit verbreitetes Bussystem ist der CAN Bus (Controller Area Network). Dieser asynchrone und ereignisgesteuerte Bus arbeitet mit einer maximalen Datenrate von 1 Mbit/s im high-speed Mode und ermöglicht eine half-duplex Datenübertragung. Seit 1993 ist sind die Schichten 1 und 2 des OSI-Referenzmodells in der ISO 11.898 spezifiziert. Dabei wird die physikalische Schicht generell nicht in Mikrocontrollern realisiert, sondern wird in dedizierten IC, sogenannten Transceivern, implementiert. Dagegen ist die Schicht 2 als CAN Controller sehr häufig als Hardwaremodul eines Mikrocontrollers realisiert, so auch beim S7G2. Der CAN Controller ist vollständig ISO 11.898-1 konform und stellt zwei CAN Kanäle zur Verfügung. Es unterstützt beide Adressierungsarten, sowohl die Standard-ID (11-Bit) als auch die erweiterte 29-Bit ID, und bis zu 32 Mailboxen. Beide CAN Arten, low-speed CAN mit einer maximalen Datenrate von 125 kbit/s als auch high-speed CAN mit bis zu 1 Mbit/s sind verfügbar (Abb. 3.21).

Zum Anschluss von externen Komponenten wie Massenspeichern, Tastaturen oder Monitoren wird häufig eine USB Schnittstelle (Universal Serial Bus) verwendet. Die beiden USB Module des S7G2 sind dabei konform zur USB 2.0 Spezifikation und bestehen jeweils aus dem Protokollmodul (Schicht 2) und dem Transceiver (Schicht 1). Das Full-Speed Modul (USBFS) kann im Host- und Device-Mode konfiguriert werden und unterstützt Datenraten von 1.5 Mbit/s (low speed) und 12 Mbit/s (full speed). Auch das High-Speed Modul (USBHS) kann als Host und Device fungieren und erlaubt eine high-speed Datenrate von 480 Mbit/s.

Das dominierende Bussystem zur Vernetzung von Systemen und Steuergeräten ist aber sicherlich Ethernet, z. B. für LAN (Local Area Network) oder WAN (Wide Area Network). Und natürlich bildet es das Rückgrat für alle IoT Anwendungen. Gemäß dem Ethernet Standard IEEE 802.3 sind die Schichten 1 und 2 des OSI-Referenzmodells als PHY bzw. MAC Schicht spezifiziert. Über diesen Schichten werden dann weitere Schichten definiert, die dann die kompletten sieben Schichten des OSI-Modells darstellen. Im Falle von Internet-Anwendungen sind das insbesondere

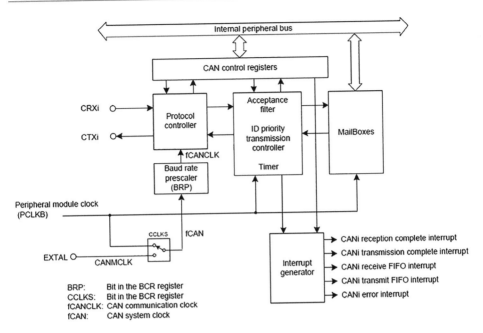

Abb. 3.21 Blockdiagramm des CAN Moduls des S7G2

Abb. 3.22 OSI-
Referenzmodell für Internet

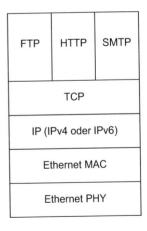

TCP/IP (Transmission Control Protocol/Internet Protocol) in den Schichten 3 und 4 und HTTP (Hypertext Transfer Protocol) in den Schichten 5 bis 7 (Abb. 3.22).

Einer der Gründe für den großen Erfolg von Ethernet ist die klare Trennung zwischen den Schichten 1 und 2. Schicht 2, die MAC Schicht (Media Access Control) ist seit langer Zeit relativ unverändert. Dahingegen verändert sich die physikalische Schicht (PHY) kontinuierlich, um immer höhere Datenraten zu ermöglichen (Abb. 3.23). Waren in den 90er Jahren des letzten Jahrhunderts Datenraten von 10 bzw. 100 Mbit/s üblich, so sind

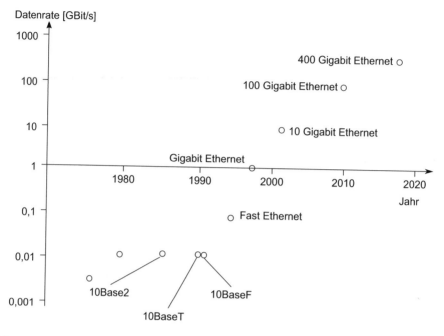

Abb. 3.23 Entwicklung der Datenrate von Ethernet

heute Datenraten von 100 Gbit/s möglich und 400 Gigabit Ethernet steht schon in den Startlöchern.

Die klare Trennung der Schichten 1 und 2 spiegelt sich auch in der Hardware-Implementierung von Ethernet wider. Die PHY-Schicht wird, wie beim CAN, als dedizierter Ethernet Transceiver implementiert, wohingegen die MAC Schicht in der Regel ein Modul eines Mikrocontrollers ist. Die Schnittstelle zwischen den beiden Schichten ist als MII (Media Independent Interface) standardisiert.

Der S7G2 verfügt über die volle Ethernet MAC Funktionalität für 2 Kanäle in Übereinstimmung mit dem IEEE 802.3 MAC Standard. Datenraten von 10 Mbit/s und 100 Mbit/s sind möglich im half-duplex und full-duplex Mode. Ein spezielles Hardwaremodul, das Precision Time Protocol Module, bewältigt das Timing und die Synchronisierung gemäß IEEE 1588-2008, um Uhren in Computersystemen zu synchronisieren [12]. Ein Ethernet DMA Controller ermöglicht den internen Datentransfer, ohne die CPU zu belasten (Abb. 3.24).

Datensicherheit

Vernetzung ist das zentrale Thema bei IoT und Industrie 4.0 Anwendungen, da sie viele Vorteile bietet und neuartige Funktionen und Systeme ermöglicht. Auf der anderen Seite sind vernetzte Systeme angreifbar und unsicher im Hinblick auf Datensicherheit und

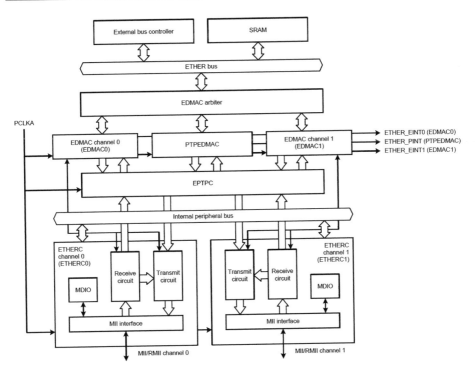

Abb. 3.24 Blockdiagramm des Ethernet MAC Moduls

Cyberkriminalität. Daher spielt das Thema Datensicherheit eine immer wichtigere Rolle
für vernetzte Systeme. Unter das Thema Datensicherheit fallen unterschiedliche Aspekte:

- Vertraulichkeit: Zugriff auf Daten nur für autorisierte Benutzer
- Integrität: Schutz vor Veränderungen
- Kontrollierbarkeit: Protokollierung von Zugriffen
- Verfügbarkeit: Ständige Zugriffsmöglichkeit auf die Daten

Der Schutz der Daten und die Vertraulichkeit können dabei zum Beispiel durch die Verschlüsselung der Daten geschehen. Diese Ver- und Entschlüsselung der Daten kann
natürlich durch Software durchgeführt werden. Aber insbesondere komplexere Algorithmen benötigen dafür eine hohe Rechenleistung – die ein Mikrocontroller in der Regel
nicht aufweist oder die die CPU so sehr auslastet wird, dass andere Aufgaben nicht
mehr ausgeführt werden können. Abhilfe können spezielle Hardwaremodule liefern,
die die benötigten Funktionen und Algorithmen in Hardware darstellen. Die Secure
Crypto Engine (SCE 7) des S7G2 stellt dafür zahlreiche Standard-Methoden der Verschlüsselung zur Verfügung. Durch die einfach zu nutzenden Funktionen können Ver-
schlüsselungsaufgaben unabhängig von der CPU durchgeführt werden. Zu den bereit

gestellten Funktionen gehören symmetrische Algorithmen wie ASC (Advanced Encryption Standard) oder 3DES (Data Encryption Standard) ebenso wie asymmetrische Algorithmen wie RSA (Rivest-Shamir-Adleman) oder DSA (Digital Signature Algorithm). Zudem können Zufallszahlen mittels eines True Random Number Generators (TRN), Hash-Werte oder eindeutige 128-Bit IDs generiert werden.

Timer

Der S7G2 Mikrocontroller besitzt zahlreiche Timer, um zeitbezogene Funktionen wie die Pulserzeugung oder Zeitmessungen unabhängig von der CPU zu ermöglichen. Der 32-Bit General Purpose Timer GPT32 weist 14 Kanäle auf. Im Output-Mode können so einfach Pulse, Pulsfolgen und pulsweitenmodulierte Signale (PWM) erzeugt werden. Im Input-Mode können Pulsweiten, zeitliche Abstände oder Ereignisse am Eingangspins erfasst werden. Auch ein 16-Bit Asynchronous General Purpose Timer (AGT) kann zur Pulsgenerierung, Ereigniszählung oder Pulsweitenmessung verwendet werden. Durch dedizierte Timermodule werden zusätzlich noch die Funktionalität einer Echtzeituhr (Real Time Clock, RTC) und eines Watchdog-Timers zur Verfügung gestellt.

ADC & DAC

Zum Anschluss von externen analogen Komponenten dienen ein ADC und ein DAC Modul. So arbeiten zwei SAR ADC (Successive Approximation Register, Wägeverfahren) mit 12-, 10- oder 8-Bit Auflösung für bis zu 21 analoge Eingangskanäle. Beide ADC kombinieren ziemlich kurze Wandlungszeiten (bis zu 0.4 µs pro Kanal) mit einer hohen Auflösung. Die Wahl des zu wandelnden analogen Eingangssignals sowie die Wiederholrate kann durch unterschiedliche Methoden erfolgen, wie dem Single Scan Mode, dem Continuous Scan Mode oder dem Group Scan Mode. Für sicherheitskritische Anwendungen ist der ADC in der Lage, eine Selbst-Diagnose durchzuführen. Um die Genauigkeit der Wandlung zu erhöhen, können dedizierte Pins mit einer stabilen externen Referenzspannung belegt werden. Als zusätzliches Feature weist der ADC noch einen internen Temperatursensor auf (Abb. 3.25).

Abb. 3.25 Wägeverfahren des SAR ADC

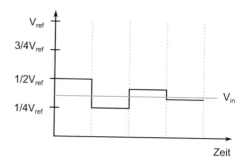

Zwei unabhängige Ausgangskanäle des DAC12 können zwei analoge Ausgangs-signale DA_x mit 12-Bit Auflösung treiben. Die zu wandelnden digitalen Daten stehen dabei in den Registern DADR0 bzw. DADR1:

$$DA_x = \frac{DADRx}{2^{12}} \cdot V_{refhigh} \qquad (3.2)$$

Für eine kapazitive Last von 20 pF am DAx Ausgang beträgt die Wandlungszeit nur etwa 3.0 µs.

Mensch-Maschine-Interface

Die Interaktion zwischen Mensch und Maschine wird, insbesondere auch im Zusammenhang mit Industrie 4.0, immer wichtiger. Dementsprechend spielen die Schnittstellen zwischen Mensch und Maschine (MMI bzw. HMI, Human-Machine-Interface) eine wichtige Rolle für interaktive Systeme. Einfache Bedienelemente wie Schalter und Knöpfe oder Rückmeldungen durch Statusleuchten sind heutzutage oft nicht ausreichend, um effizient, komfortabel und zuverlässig mit Maschinen zu interagieren. Daher werden neuartige Bedienkonzepte und Bedienelemente benötigt, um die reibungslose und smarte Zusammenarbeit von Mensch und Maschine zu ermöglichen, wie zum Beispiel Touch-Displays. Mittels Touch-Displays können die benötigten Daten und Informationen nicht nur graphisch dargestellt werden, sondern das Display dient auch direkt als Eingabeeinheit – wie beim allseits verbreiteten Smartphone.

Um die Integration von HMI und Displays möglichst einfach zu gestalten, hat der S7G2 Mikrocontroller leistungsstarke Hardwaremodule. So misst die Capacitive Touch Sensing Unit (CTSU) die elektrostatische Kapazität eines Touchsensors (Abb. 3.26), z. B. die Änderungen der Kapazität des Touch-Sensors durch die Annäherung eines Fingers. Bis zu 12 Kanäle stehen beim S7G2 zur Verfügung und die CTSU bietet verschiedene Betriebsmodi wie Selbstkapazitätsmessung.

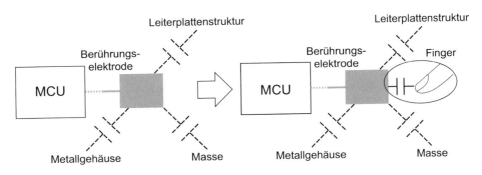

Abb. 3.26 Anschluss eines Touch-Sensors an den S7G2

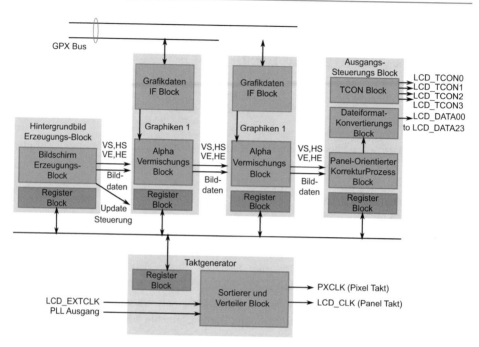

Abb. 3.27 Blockdiagramm des GLCDC

Der Anschluss eines LCD Displays an den S7G2 kann mittels des Graphics LCD Controllers (GLCDC) geschehen (Abb. 3.27). Der GLCDC kann sehr flexibel konfiguriert werden und unterstützt zahlreiche Datenformate wie 32- und 16-Bit/Pixel Grafikdaten und 8-, 4- und 1-Bit LUT Datenformate. Bis zu drei Ebenen können übereinander gelegt werden (einfarbiger Hintergrund, Grafikebene 1 uns 2). Videos mit einer WVGA Auflösung (Wide Video Graphics Array) oder höher werden durch die Ausgangssignale des digitalen Interfaces unterstützt. Intern agiert der GLCDC als GPX Busmaster um auf Grafikdaten über den GPX Bus zuzugreifen. Die Grafikdaten werden von speziellen Grafikmodulen wie der 2D Drawing Engine (DRW) oder einem JPEG Codec zur Verfügung gestellt. Das DRW Modul unterstützt zahlreiche 2D-Geometrien, z. B. Linien, Kreise oder Dreiecke. Der Betrieb der Grafikmodule kann sehr effektiv von der CPU separiert werden, sodass das Rendering von Grafiken vollständig parallel zu anderen CPU Aktivitäten durchgeführt werden kann. Mittels des JPEG Codecs können Bilddateien sehr schnell und einfach komprimiert und decodiert werden. Dabei ist das Modul konform mit dem JPEG Baseline Standard und der ISO/IEC 10.918-2 [13]. Unterschiedliche Pixelformate und Bildgrößen können flexibel konfiguriert werden.

Literatur

1. Yiu J (2015) The Definitive Guide to ARM® Cortex®-M0 and Cortex-M0+Processors, Newnes
2. McDermott M (2008), The ARM Instruction Set Architecture, http://users.ece.utexas.edu/~valvano/EE345M/Arm_EE382N_4.pdf, Zugegriffen: 14. Mai 2018
3. ARM®v7-M Architecture Reference Manual (2010), ARM Limited
4. IEEE 754:2008
5. Oed R (2017), Basics of the Renesas Synergy™ Platform, Renesas Electronics Europe GmbH, https://www.renesas.com/en-eu/media/products/synergy/book/Basics_of_the_Renesas_Synergy_Platform_1712.pdf
6. https://www.renesas.com/en-us/products/synergy/hardware/microcontrollers.html. Zugegriffen: 13. Juni 2018
7. https://www.renesas.com/en-us/products/synergy/hardware/microcontrollers/S.1-series.html. Zugegriffen: 13. Juni 2018
8. https://www.renesas.com/en-us/products/synergy/hardware/microcontrollers/S.3-series.html. Zugegriffen: 13. Juni 2018
9. https://www.renesas.com/en-us/products/synergy/hardware/microcontrollers/S.5-series.html. Zugegriffen: 13. Juni 2018
10. https://www.renesas.com/en-us/products/synergy/hardware/microcontrollers/S.7-series.html. Zugegriffen: 13. Juni 2018
11. S. 7G2 User's Manual: Microcontrollers (2016) Rev.1.20., Renesas Electronics
12. IEEE 1588:2008
13. ISO/IEC 10918-2:1995-08

Hardware und Starter Kits

4

Ein Mikrocontroller oder eine andere intelligente Komponente wie ein Prozessor oder FPGA bilden das zentrale Element von eingebetteten Systemen. Für den Betrieb dieser Bauteile sind in der Regel noch weitere Komponenten wie Kondensatoren oder Spannungsversorgungen notwendig, zudem soll der Controller mit anderen Bauteilen und Systemen interagieren, um die gewünschte Funktionalität darstellen zu können. Daher muss der Controller noch elektrisch und mechanisch kontaktiert werden, um ihn nutzen zu können. Dazu werden die Mikrocontroller und die übrigen Bauteile meist auf ein PCB (Printed Circuit Board) montiert.

Die Entwicklung und die Bestückung eines PCB benötigt fundierte Kenntnisse des Systems und der einzelnen Komponenten – und natürlich die Expertise und Erfahrung in der Schaltungs- und Hardwareentwicklung. Der vereinfachte Ablauf einer PCB Entwicklung ist in Abb. 4.1 dargestellt.

Neben den erforderlichen Fähigkeiten und Kenntnisse der Hardwareentwicklung ist diese auch aufwendig, teuer und benötigt viele Ressourcen – Zeit, Arbeitskraft, Geld. Der unter Umständen hohe Aufwand muss natürlich für die endgültige Hardware des Systems aufgebracht werden, um eine funktionierende und passende Lösung zu erhalten. Aber für die Anwendungsentwicklung der Systemfunktionalität ist die finale Hardware, zumindest zu Beginn, oft nicht zwingend notwendig. In dem Fall kann bereits ein Prototyp ausreichend sein, sodass die Anwendungsentwicklung frühzeitig starten kann – ohne finale Hardware und eventuell bereits ohne endgültige Spezifikation und Konzept. Auch für erste Versuche und Tests mit einem neuen Mikrocontroller oder System macht es keinen Sinn, den Aufwand in die Entwicklung einer eigenen Hardware zu stecken.

In den beschriebenen Fällen ist es zielführender, statt auf die eigene Hardware auf fertige Lösungen zu setzen, auch wenn diese nicht optimal zum eigenen System und den Anforderungen passen sollten. Solche Lösungen sind als Starter Kits, Evaluation Boards oder Development Kits weit verbreitet und werden von vielen Firmen, insbesondere

© Springer-Verlag GmbH Deutschland, ein Teil von Springer Nature 2019
F. Hüning, *Embedded Systems für IoT*,
https://doi.org/10.1007/978-3-662-57901-5_4

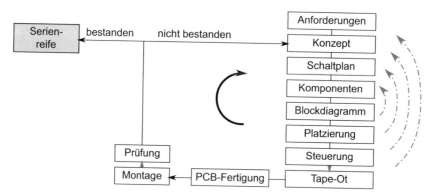

Abb. 4.1 Schematische Darstellung der PCB Entwicklung

den Halbleiterherstellern, angeboten. Diese Boards stellen meist eine Komponente in den Mittelpunkt, z. B. einen Mikrocontroller, und sind derart entwickelt, dass sie eine möglichst große Flexibilität im Einsatz ermöglichen. So sollen möglichst viele Funktionen des entsprechenden Bauteils verfügbar gemacht werden. Im Falle eines Mikrocontroller Boards können, neben der zum Betrieb notwendigen Komponenten, alle Pins auf Steckerleisten und standardisierte Stecker geführt und zugänglich gemacht werden. Zudem können zusätzliche Bauteile auf dem Board integriert werden, die für dedizierte Funktionen benötigt werden, wie Bus-Transceiver, Displays oder Sensoren. Somit steht eine Hardware zur Verfügung, die bereits ohne weiteren Hardwareaufwand viele Funktionen nutzen kann. Wie in Kap. 5 dargestellt, wird dann noch eine passende Entwicklungsumgebung für die Software- und Funktionsentwicklung benötigt, um mit den ersten Entwicklungsschritten starten zu können.

Starter Kits für Mikrocontroller werden, zusammen mit einer passenden Entwicklungsumgebung, häufig dafür eingesetzt, die ersten Schritte in der Programmierung und Softwareentwicklung mit dem Mikrocontroller zu machen. Sie sind insbesondere auch für Anfänger und Studierende sehr gut geeignet, um theoretisches Wissen direkt umzusetzen und erste Anwendungen selber zu entwickeln. Daher baut das Praxisprojekt (Kap. 13) auf einem Starter Kit, dem S7G2 Starter Kit, auf, um die in den theoretischen Kapiteln dargestellten Inhalte mit geringem Aufwand direkt umsetzen zu können.

Für geübte Anwender können Starter Kits als Rapid Prototyping System für neue Anwendungen eingesetzt werden. Aufgrund ihrer großen Flexibilität und dem Familienkonzept der Mikrocontroller kann so bereits in einem frühen Projektstatus, noch bevor die erste eigene Hardware fertig gestellt wurde, mit der Software- und Anwendungsentwicklung gestartet werden, selbst wenn in der finalen Hardware ein anderer Controller der gleichen Familie eingesetzt werden soll (Abb. 4.2). Die Entwicklung von Hard- und Software kann so effizient parallelisiert werden, was eine erhebliche Verkürzung der Entwicklungszeit ermöglicht. Zudem kann die Software und die Anwendung frühzeitig

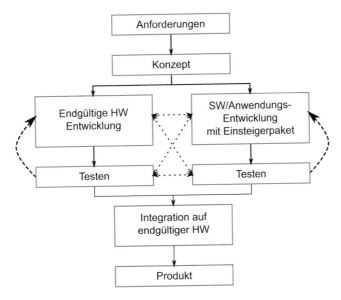

Abb. 4.2 Parallele Hard- und Softwareentwicklung

getestet und validiert werden, was erneut Kosten sparen und die Qualität der Software wesentlich erhöhen kann.

4.1 S7G2 Starter Kit

Das S7G2 Starter Kit ist ein Ein-Board-Starter Kit für den Renesas Synergy™ Mikrocontroller im 176-Pin LQFP Gehäuse [1]. Dieses Board wurde insbesondere für die ersten Schritte mit der Synergy™ Plattform, z. B. im Rahmen der Lehre, und für erste Anwendungsentwicklungen und Rapid Prototyping entwickelt. Neben Komponenten wie einem Touch-Display oder kapazitiven Sensoren, die direkt auf dem Board verbaut sind, kann man die Funktionalität des Boards einfach mit externen Komponenten erweitern. Für diese Erweiterungen stehen standardisierte Verbindungen zur Verfügung: Stiftleisten, PMOD™-Stecker oder ein Interface für Arduino Shields (Abb. 4.3).

Das Board ist über zahlreiche Jumper konfigurierbar. Die meisten Pins des S7G2 sind auf die Stiftleisten rausgeführt und zu dem Board gehört der volle Synergy™ Support:

- Synergy Software Package (Kap. 6 bis 11)
- Entwicklungsumgebung (Kap. 5)
- Software- und Applikationssupport
- Kompletter Zugriff auf die Renesas Synergy™ Plattform

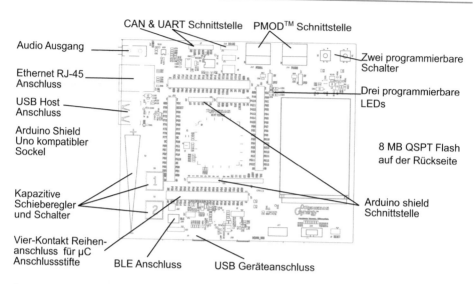

Abb. 4.3 Wichtige Komponenten des S7G2 Starter Kits

Bis auf einen Computer, der mittels USB-Kabel an das Board angeschlossen wird und auch die Stromversorgung so darstellen kann, wird keine weitere Hardware benötigt, um starten zu können.

Wenn dennoch externe Komponenten benötigt werden, so können diese über die unterschiedlichen und standardisierten Stecker wie PMOD™ angeschlossen werden. Durch die standardisierten Stecker und Schnittstellen können die Erweiterungen einfach, schnell und günstig realisiert werden. Da es für die auf dem S7G2 Board vorhandenen Schnittstellen eine Vielzahl von Erweiterungsmöglichkeiten gibt, wird somit die Flexibilität und die Einsatzmöglichkeiten des Boards wesentlich erhöht.

PMOD™ ist eine offene Standardschnittstelle für Erweiterungsmodule. Mittels 6- oder 12-Pin Steckern können so Hardwarekomponenten für Prototyping und Evaluierung einfach und ohne Lötaufwand angeschlossen werden. Die PMOD™-Boards sind kleine Hardwarekomponenten mit dedizierten Funktionalitäten. Zahlreiche Hersteller bieten solche Erweiterungsboards mit PMOD™-Stecker an, z. B. mit einem OLED Display, einem 3-Achs-MEMS-Beschleunigungs- und Drehratensensor oder einem H-Brücken-Motortreiber (s. z. B. [2]).

Eine andere einfache Möglichkeit, die Funktionalität des Boards zu erweitern, bietet das Arduino-Shield. Arduino ist eine sehr weit verbreitete HW/SW-Plattform, die auf Atmel Mikrocontrollern basiert [3]. Da dies einfach zu nutzen und ein Open Source Projekt ist, wird es sehr häufig verwendet und es gibt eine riesige Auswahl an Funktionen, Anwendungen, Hard- und Software für Arduino. Die Funktionen von Arduino-Boards können dabei durch sogenannte Arduino Shields erweitert werden. Ähnlich wie bei den PMOD™-Boards gibt es unzählige Shields von unterschiedlichen Herstellern mit allen

Tab. 4.1 Schnittstellen des S7G2 Starter Kits

Schnittstelle	Eigenschaften
USB Host Port	High-speed (480 Mbit/s)
USB Host Port	Full-speed (12 Mbit/s)
Ethernet	10 Mbit/s und 100 Mbit/s
LCD Touchscreen	240×320 QVGA
PMOD™ Stecker	PMOD™ A: SPI, 3 GPIO, Interrupt PMOD™ B: UART, 3 GPIO, Interrupt
Debug-Schnittstellen	JTAG, SEGGER J-Link, JTAG/SWD
UART	RS-232 oder RS-485 Mode
CAN	High-speed oder Low-speed

denkbaren Funktionalitäten, vom Motor-Control Shield über GPS Shields zu NFC/RFID Shields. Durch das standardisierte Arduino Shield Interface können diese Erweiterungsboards einfach, wiederum ohne Löten, auf ein Arduino-Board montiert werden. Auch das S7G2 Starter Kit weist ein Interface auf, das mit dem Arduino Shield Interface kompatibel ist. So können die unzähligen Arduino Shields die Funktionen des S7G2 Starter Kits enorm erweitern – und das durch einfaches Aufstecken.

Da Vernetzung das zentrale Thema von IoT und Industrie 4.0 ist, sind auf dem S7G2 Starter Kit auch unterschiedliche Schnittstellen, wie in Tab. 4.1 aufgeführt, verfügbar.

Literatur

1. Starter Kit SK-S. 7G2 User's Manual: Synergy S. 7G2 MCU (2015) Rev.1.00., Renesas Electronics
2. https://store.digilentinc.com/pmod-modules/ Zugegriffen: 25. Mai 2018
3. https://www.arduino.cc/ Zugegriffen: 25. Mai 2018

Entwicklungsumgebung

5

Wenn die Hardware, z. B. in Form eines Starter Kits, verfügbar ist, muss der Mikrocontroller noch programmiert werden. Dazu benötigt der Controller Maschinencode – eine Liste von einfachen Befehlen in Binärcode, der die gewünschte Funktionalität darstellt. Diese Funktionalität umfasst die grundlegende Konfiguration der Hardware, die Interaktion zwischen den Modulen, das Echtzeitverhalten und die eigentliche Anwendung. Da aber Maschinencode für Menschen sehr schwer zu lesen und zu verstehen ist werden in der Regel höhere Programmiersprachen wie C oder C++ verwendet. Zusätzlich steht die Anwendungsentwicklung im Fokus eines Anwendungsentwicklers, nicht die hardwarenahe Programmierung. Daher müssen diese beiden Extrema – Maschinencode und Anwendungscode – irgendwie zusammengebracht werden. Die Verbindung wird durch zahlreiche Tools hergestellt, die schlussendlich die Hochsprache in die Maschinensprache übersetzt.

Der grundlegende Ablauf der Softwareentwicklung von der Hochsprache zum Maschinencode ist schematisch in Abb. 5.1 dargestellt. Wichtig ist hierbei, dass im Endeffekt der Maschinencode genau das darstellt, was von der Applikation bzw. dem abstrakten Modell vorgesehen ist. Der Ablauf besteht aus mehreren unterschiedlichen Programmier- und Übersetzungsschritten. So entwickelt der Applikationsingenieur beispielsweise die Anwendung auf einer sehr hohen Abstraktionsebene. Hierzu werden in der Regel Tools wie Matlab®/Simulink® zur Anwendungsentwicklung und Modellbildung eingesetzt [1].

Nach der Modellerstellung und Validierung wird mittels einer automatischen Code-Generierung der entsprechende C-Code generiert. So ist, im Gegensatz zur manuellen C-Programmierung, gewährleistet, dass die Funktion des C-Codes tatsächlich mit der modellierten Funktionalität übereinstimmt. Unter Nutzung von Tools wie Compiler und Linker wird der Maschinencode für die Zielhardware generiert.

© Springer-Verlag GmbH Deutschland, ein Teil von Springer Nature 2019
F. Hüning, *Embedded Systems für IoT*,
https://doi.org/10.1007/978-3-662-57901-5_5

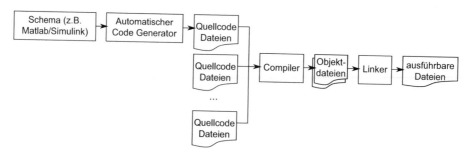

Abb. 5.1 Tools zur Softwareentwicklung von der Hochsprache zum Maschinencode

Der Modellierungspart – hier im Beispiel mit Matlab®/Simulink® und der auto-matischen Codegenerierung – hängt hauptsächlich von der Anwendung und dem zu entwickelnden System ab, weniger von den nachfolgenden Schritten und den hardware-bezogenen Teilen. Wobei natürlich die Anwendung im Endeffekt zur Hardware passen muss: zu versuchen, Windows 10 auf einem 8-Bit Mikrocontroller mit 256 kB Speicher und 8 MHz laufen zu lassen, ist sicherlich keine zielführende Idee… Für die Modellie-rung wird immer ein dediziertes Tool wie Matlab®/Simulink® benötigt. Aber um das wei-tere Leben für den Programmierteil so einfach wie möglich zu halten ist es notwendig, die benötigten Tools zur Programmierung möglichst in einem Tool zusammenzufassen.

Wie in Abb. 5.2 dargestellt umfasst eine integrierte Entwicklungsumgebung (IDE, Integrated Development Environment) alle Tools und Programme, die für die Software-entwicklung notwendig sind, von der eigentlichen Programmierung bis zum Debuggen der Software. In der Regel hat die IDE eine grafische Benutzeroberfläche, die standardi-sierte Tools nutzt. Dies bietet die Möglichkeit der Fokussierung auf die Programmierung und Entwicklung, nicht auf die Bedienung der Tools. Zusätzlich unterstützen IDE den Entwickler durch viele weitere Funktionalitäten im Hinblick auf Nutzbarkeit, Lesbarkeit des Codes oder Debugmöglichkeiten.

Abb. 5.2 Hauptkomponenten
einer Entwicklungsumgebung

Integrated Developement Environment (IDE)	
Texteditor	Compiler/ Linker
GUI	Debugger

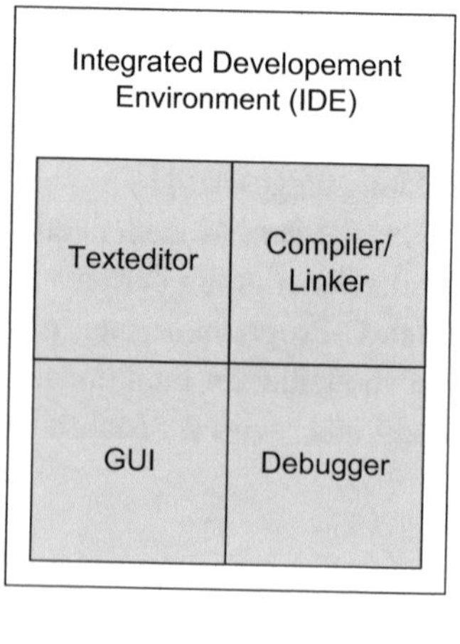

Die Unterstützung des Entwicklers beginnt bereits am Anfang – der Programmierung mit einem Texteditor. Natürlich kann jeder beliebige Editor für die Codeerstellung genutzt werden. Aber dedizierte Editoren für die Programmierung weisen Funktionen auf, die das Programmieren nicht nur einfacher, sondern auch zuverlässiger und schneller macht: das Hervorheben und Selbstvervollständigen von Schlüsselwörtern, konsistente farbliche Darstellungen von Programmierstrukturen, Codetemplates und vieles mehr.

Nachdem die Software in C/C++geschrieben wurde (oder automatisch aus einem Modell generiert wurde) muss sie zum einen in Maschinencode übersetzt werden, zum anderen auf die Zielhardware gemappt werden. Dazu werden C-Compiler verwendet, die in der Regel aus einem Präprozessor, dem eigentlichen Compiler und einem Linker bestehen, die die konsistente Verbindung zwischen abstraktem Code und der hardwarenahen Programmierung sicherstellen.

Der Präprozessor hat die Aufgabe, den C-Code für das eigentliche Kompilieren vorzubereiten. Dazu werden nicht benötigte Teile, wie z. B. Kommentare, entfernt und weitere Programmteile, die zum Beispiel über „#include"-Anweisungen eingebunden werden, in den Code integriert. Während des Kompilierens des Codes wird dieser analysiert und die Syntax geprüft. Dabei auftretende Fehler (z. B. Syntaxfehler) oder Warnungen werden ausgegeben und müssen gegebenenfalls korrigiert werden. Der Code wird dabei auch im Hinblick auf die Laufzeit, Speichernutzung und nicht genutzten Code optimiert und in eine binäre Objekt-Datei umgewandelt. Der Linker setzt die einzelnen Komponenten, z. B. noch verwendete Bibliotheken, des Programms zu einem ausführbaren Gesamtprogramm zusammen.

Anschließend wird Mikrocontroller programmiert indem der Binärcode auf den Controller geflasht wird. Der Code kann jetzt ausgeführt werden. Jeder Code enthält allerdings Bugs (gemäß der berühmten Grace Hopper sind Bugs Fehler im Programmablauf), zumindest zu Beginn – in der finalen Version ist die Software dann hoffentlich fehlerfrei… Ein Debugger wird dazu verwendet, den Code und seinen Ablauf zu analysieren, Fehler zu finden und zu eliminieren, um die richtige Funktionsweise sicherzustellen. Zu diesem Zweck kann der Debugger die Programmausführung kontrollieren, z. B. durch das Setzen von Breakpoints, an denen die Ausführung angehalten wird, oder durch schrittweise Abarbeitung des Codes. Während des Debug-Vorgangs können Daten und Parameter wie Register- und Speicherinhalte oder auch der Maschinencode beobachtet und kontrolliert werden.

5.1 IDE e²studio

Integraler Bestandteil der Synergy Platform ist die Entwicklungsumgebung e²studio, die auch im Rahmen des Praxisprojekts eingesetzt wird [2]. Renesas bezeichnet die Entwicklungsumgebung als Integrated Solution Development Environment (ISDE), um dadurch den Fokus auf die Entwicklung von Anwendung und Lösungen zu verdeutlichen. Dazu sind zahlreiche Tools und Features in die ISDE integriert, um Entwickler weitgehend zu unterstützen – so auch im Praxisprojekt, das e^{2}studio als ISDE verwendet.

Die ISDE e^{2}studio basiert auf Eclipse und Eclipse CDT. Eclipse ist eine standardisierte und verbreitete open-source Entwicklungsumgebung, die ihrerseits auf Java basiert. Eine grafische Benutzeroberfläche (GUI) stellt mehrere Fenster dar, die views genannt werden. Jeder view ist mit einer dedizierten Aufgabe bzw. Funktion verbunden, z. B. der Ordnerstruktur oder dem Editor. Die unterschiedlichen Schritte der Entwicklung eingebetteter Software spiegeln sich in entsprechenden Perspectives der grafischen Benutzeroberfläche wider. Eine Perspective ist eine Anordnung von Menüleisten, views und Editoren. Für die unterschiedlichen Entwicklungsphasen wie dem Coding oder das Debuggen gibt es zugehörige Perspectives, deren vordefinierte Anordnung der views die wichtigsten Aufgaben übersichtlich darstellen. Dabei können die views jeder Perspective natürlich jederzeit umgeordnet werden, um den Bedürfnissen des jeweiligen Entwicklers gerecht zu werden. Die Entwicklungsumgebung ist durch zusätzliche Plug-Ins erweiterbar, sodass sich eine große Flexibilität ergibt.

Eclipse CDT wurde insbesondere für C/C++ Programmierer entwickelt. Es stellt viele Funktionen zur Verfügung, um die C/C++ Entwicklung zu vereinfachen, u. a. das Hervorheben der Syntax und von Schlüsselwörtern, der Code-Generierung, Debugging-Tools oder die Darstellung von Speicherinhalten.

Die ISDE e^{2}studio nutzt zahlreiche Features von Eclipse und Eclipse CDT und fügt diesen noch weitere Funktionen hinzu. e^{2}studio stellt eine grafische Benutzeroberfläche für die Programmierung, das Compilieren und Linken des Codes sowie das Debugging zur Verfügung. Zudem enthält es Eingabeunterstützung (Wizards) für die Konfiguration und die automatische Code-Generierung, die auf dem SSP basieren. Ein zentrales Element ist dabei das Smart Manual, das das Studium der mehreren Tausend Seiten an Dokumentation mehr oder weniger überflüssig macht. Das Smart Manual bietet eine kontextbasierte Hilfe zu dem Synergy Software Package und zum Mikrocontroller (Abb. 5.3).

Eigenschaften von e^{2}studio:

- Automatische Code-Generierung
- Farbliche Hervorhebung von Schlüsselwörtern
- Syntax-Überprüfung

Abb. 5.3 Coding Perspective von e^{2}studio mit Ordnerstruktur (links), Code (Mitte) und der Auswahl der Perspective (rechts)

- Automatische Formatierung im C/C++ Stil (Einrückung, Klammern, Kommentarblöcke, …)
- Code-Templates
- Automatisierte Code-Fragmente (if, while, …)
- Auto-Vervollständigung von Variablen, Funktionen, Symbolen, …

e²studio passt zu der ARM®-Architektur der Synergy Mikrocontroller und setzt die weit verbreitete GNU Compiler Collection (GCC) als Plug-In für die Erzeugung des Binärcodes für die Controller ein. Die Mikrocontroller und die SSP Komponenten können grafisch konfiguriert werden.

Eine IDE integriert bereits unterschiedliche Entwicklungstools, um das Programmieren und Entwickeln von eingebetteter Software so weit wie möglich zu unterstützen. Im Falle von e²studio und dem Synergy Software Package geht Renesas dabei noch einen Schritt weiter, damit die Synergy Plattform eine echte One-Stop-Shop Lösung wird. Dazu werden, neben den vorgestellten Tools, weitere Komponenten von Drittanbietern in e²studio bzw. das SSP integriert. Das hat für den Entwickler den großen Vorteil, dass diese Komponenten verfügbar sind und zu den Mikrocontrollern und den anderen Komponenten passen, die Integration bereits stattgefunden hat und Renesas der alleinige Ansprechpartner bei allen Fragen und Problemen ist.

Ein großes Beispiel für die vollständige Integration in e²studio und das SSP stellen die Komponenten und Module von Express Logic dar. So ist für Echtzeitanwendungen das Echtzeitbetriebssystem ThreadX® bereits integraler Bestandteil des SSP (Kap. 8), was die Nutzung eines RTOS wesentlich vereinfacht. Das Debuggen der Echtzeitsoftware, die auf ThreadX® beruht, kann innerhalb von e²studio mit TraceX® durchgeführt werden. Auch Module für Middleware und Vernetzung sind direkt in e²studio enthalten, so wie NetX™ oder USBX™ für die Ethernet- bzw. USB-Schnittstelle. Zum Ansteuern von grafischen Bedienelementen kann die integrierte Middleware GUIX™ eingesetzt werden (Kap. 10). Das Design der Grafiken kann dann mittels GUIX Studio™ erstellt werden. Dieses Tool kann zwar nicht Teil des SSP sein, aber es ist über die Synergy Plattform erhältlich und der Code, der durch GUIX Studio™ automatisch erzeugt wird, kann direkt in GUIX™ eingebunden werden.

Abb. 5.4 zeigt die wesentlichen Komponenten von e²studio. Im Hinblick auf die große Komplexität (erinnert sei nur an die mehr als 2000 Seiten User's Manual der Mikrocontroller) spielt das Smart Manual in der Entwicklung eine große Rolle, da es direkt viele Informationen zu Funktionen, Parametern, … zur Verfügung stellt.

Einige wichtige Perspectives und Features von e²studio sollen hier kurz vorgestellt werden, bevor diese dann im Praxisprojekt (Kap. 13) eingesetzt werden. In e²studio werden alle Anwendungen und Projekte in Synergy Projects organisiert. Alle verfügbaren Projekte innerhalb eines Workspaces werden im Project Explorer dargestellt (Abb. 5.5 links), der Aufbau ist vergleichbar dem Windows Explorer. Generell ist immer maximal ein Projekt aktiv und für die unterschiedlichen Entwicklungsschritte innerhalb eines Projekts stellt e²studio unterschiedliche vordefinierte Perspectives zur Verfügung.

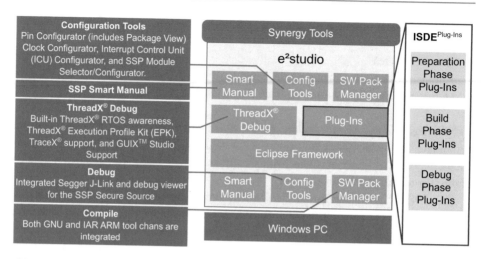

Abb. 5.4 Komponenten von e²studio

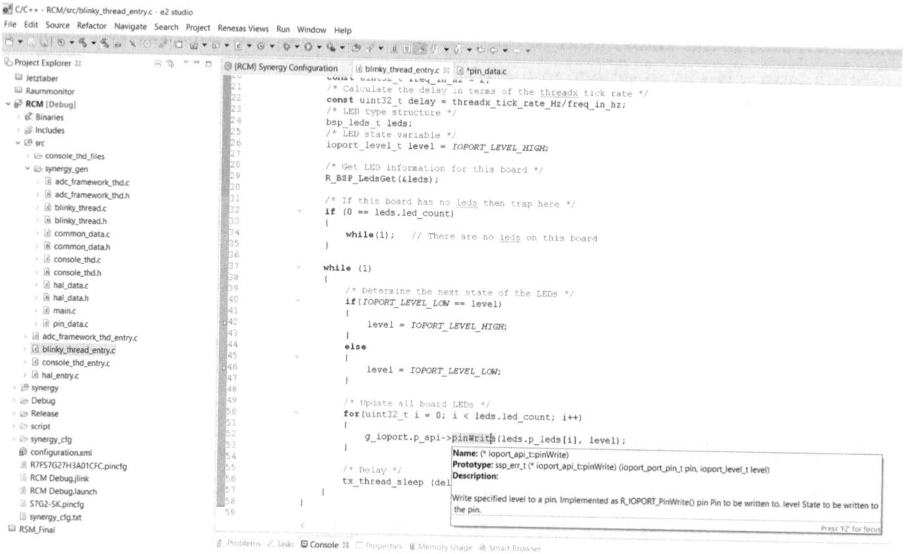

Abb. 5.5 C/C++ perspective von e²studio

Die grundlegende Perspective ist die C/C++ Perspective, um den eigentlichen Code zu schreiben (Abb. 5.5). Der Editor in der Mitte der C/C++ Perspective bietet für das Schreiben der Software viel Unterstützung an. Features wie das automatische Hervorheben von Schlüsselwörtern und Codeteilen sowie eine Auto-Vervollständigungsfunktion vereinfacht das Schreiben ebenso wie die Lesbarkeit des Codes. Zusätzliche Informationen und Vorschläge werden durch das bereits erwähnte Smart Manual (gelbe Box in Abb. 5.5) bereitgestellt, indem man einfach den Cursor über den entsprechenden Befehl oder Funktion bewegt. So wirkt es wie ein vollständig integriertes User's Manual, was die Bedienung und Nutzung sehr einfach und intuitiv macht. So werden für Variablen die Deklarationen dargestellt oder für Funktionen die Beschreibungen und Parameter. Zusätzlich werden, sofern verfügbar, relevante Application Notes oder weiteres Hilfsmaterial hinzugezogen und im Smart Browser unten in der C/C++Perspective dargestellt. Durch die Verwendung des Smart Manuals kann viel Zeit eingespart werden, da das lästige Hin-und-Her-Wechseln zwischen der IDE und der Dokumentation entfällt.

Bevor der Anwendungscode geschrieben werden kann, muss zunächst der Mikrocontroller konfiguriert werden, d. h. alle Hardwaremodule und Register müssen entsprechend den Anforderungen der Anwendung programmiert werden. Dazu muss der Entwickler die zugehörigen Abschnitte des User's Manual lesen (und verstehen), die Register entsprechend beschreiben und dann prüfen, ob er alles richtig eingestellt hat. Diese Grundkonfiguration des Controllers ist zwar zwingend notwendig, aber sowohl lästig und zeitaufwendig als auch fehleranfällig, wenn sie mittels manueller Programmierung geschieht. Eine grafische Konfigurationsmöglichkeit ist für den Entwickler wesentlich intuitiver, schneller und weniger fehleranfällig. Daher bietet e²studio in der Configuration-Perspective die Möglichkeit, grundlegende Konfigurationen wie die Pinfunktionalitäten oder die Takterzeugung grafisch vorzunehmen. Aus dieser grafischen Konfiguration kann dann einfach der Konfigurationscode generiert werden, der automatisch in das Projekt eingebunden wird.

Abb. 5.6 zeigt einen Ausschnitt aus der Configuration-Perspective, die die Konfiguration des Pins P008 zeigt. Gemäß dem User's Manual kann dieser Pin als einfacher Ein- und Ausgangspin fungieren oder mit einer alternativen Funktion belegt werden, in diesem Falle dem Eingangssignal AN003 für den ADC oder als Interrupt-Pin IRQ12. Dann kann noch ein Pull-Up Widerstand eingeschaltet werden und im Output-Mode die Treibercharakteristik eingestellt werden. In welchem Mode welche Konfiguration möglich ist und wie die Verbindung zu dem entsprechenden Peripheriemodul hergestellt wird, ist durch die grafische Oberfläche einfach möglich, in dem nur die passenden Auswahlmöglichkeiten angezeigt werden.

Ein weiteres Beispiel für den Nutzen der grafischen Konfiguration stellt die Takterzeugung im Controller dar. Jeder Mikrocontroller hat mehrere Taktquellen, um die benötigten Takte zu erzeugen, z. B. externe oder interne Oszillatoren. Aus diesen Taktquellen werden dann, abhängig von den Anforderungen der Anwendung, die internen und externen Takte erzeugt – für die CPU, die Peripheriemodule, die Schnittstellen, die Echtzeituhr, … Um den sogenanntem Clock Tree des S7G2 vollständig zu konfigurieren, sind insgesamt 27 Register der Clock Generation Unit zu setzen. Die Registerbeschreibung umfasst im User's Manual 34 Seiten, und da es zahlreiche Abhängigkeiten und Limitierungen für die unterschiedlichen Takte gibt, ist das schon eine recht komplexe Angelegenheit – nur um die Takterzeugung zu konfigurieren.

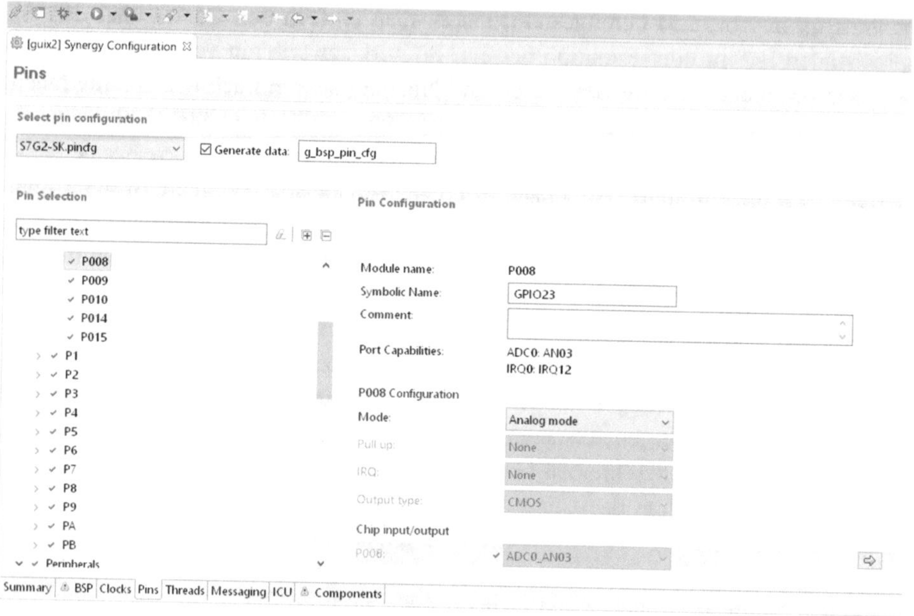

Abb. 5.6 Grafische Konfiguration des Pins P000 in Configuration-Perspective

Viel einfacher, schneller und zuverlässiger kann das mit der grafischen Oberfläche geschehen, wie in Abb. 5.7 dargestellt. Deutlich ist der gesamte Pfad der Takterzeugung zu erkennen. Links können unterschiedliche Taktquellen ausgewählt werden, wie z. B. ein 24 MHz Oszillator an XTAL. Eine interne Phase Locked Loop (PLL) erzeugt aus den 24 MHz durch entsprechende Faktoren dann einen 240 MHz PLL-Takt. Dieser wird dann, grafisch in der Mitte der Abbildung, als Quelle für die abgeleiteten Takte genommen, z. B. für den Systemtakt (ICLK) oder den externen Bustakt BCLK.

Nachdem alle Einstellung für den Clock Tree getroffen wurden, kann der dazugehörige C-Code einfach generiert werden: einfach auf den Knopf „Generate Project Content" oben links in der Configuration-Perspective drücken, und der gesamte Konfigurationscode wird automatisch erzeugt. So werden die Einstellungen des Clock Trees im File synergy_cfg\ssp_cfg\bsp\bsp_clock_cfg.h gespeichert (Abb. 5.8). Durch die automatische Codegenerierung wird der Controller schnell gemäß den Anforderungen konfiguriert – schnell, einfach und zuverlässig. Dieser automatisch generierte Code kann direkt verwendet werden und ist zudem getestet. Darauf aufbauend kann dann der Anwendungscode entwickelt werden.

Der automatisch erzeugte und manuell geschriebene Code soll dann natürlich auch dem Mikrocontroller laufen, d. h. im nächsten Schritt muss die Software compiliert, gebaut und in den Speicher des Controllers geflasht werden. Die Schritte dazu werden im Praxisprojekt beschrieben (Kap. 13). Dann kann der Code auf dem Controller gestartet

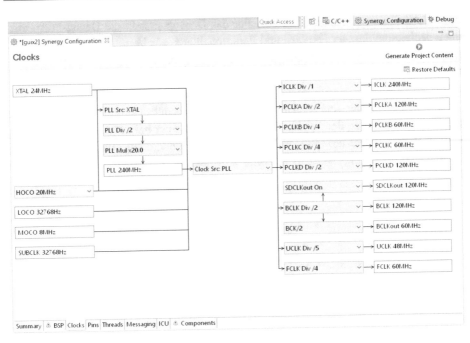

Abb. 5.7 Grafische Konfiguration des Clock Trees

```
[guix2] Synergy Configuration    bsp_clock_cfg.h
1        /* generated configuration header file - do not edit */
2       #ifndef BSP_CLOCK_CFG_H_
3       #define BSP_CLOCK_CFG_H_
4       #define BSP_CFG_XTAL_HZ (24000000) /* XTAL 24000000Hz */
5       #define BSP_CFG_PLL_SOURCE (CGC_CLOCK_MAIN_OSC) /* PLL Src: XTAL */
6       #define BSP_CFG_HOCO_FREQUENCY (2) /* HOCO 20MHz */
7       #define BSP_CFG_PLL_DIV (CGC_PLL_DIV_2) /* PLL Div /2 */
8       #define BSP_CFG_PLL_MUL (20.0) /* PLL Mul x20.0 */
9       #define BSP_CFG_CLOCK_SOURCE (CGC_CLOCK_PLL) /* Clock Src: PLL */
10      #define BSP_CFG_ICK_DIV (CGC_SYS_CLOCK_DIV_1) /* ICLK Div /1 */
11      #define BSP_CFG_PCKA_DIV (CGC_SYS_CLOCK_DIV_2) /* PCLKA Div /2 */
12      #define BSP_CFG_PCKB_DIV (CGC_SYS_CLOCK_DIV_4) /* PCLKB Div /4 */
13      #define BSP_CFG_PCKC_DIV (CGC_SYS_CLOCK_DIV_4) /* PCLKC Div /4 */
14      #define BSP_CFG_PCKD_DIV (CGC_SYS_CLOCK_DIV_2) /* PCLKD Div /2 */
15      #define BSP_CFG_SDCLK_OUTPUT (1) /* SDCLKout On */
16      #define BSP_CFG_BCK_DIV (CGC_SYS_CLOCK_DIV_2) /* BCLK Div /2 */
17      #define BSP_CFG_BCLK_OUTPUT (2) /* BCK/2 */
18      #define BSP_CFG_UCK_DIV (CGC_USB_CLOCK_DIV_5) /* UCLK Div /5 */
19      #define BSP_CFG_FCK_DIV (CGC_SYS_CLOCK_DIV_4) /* FCLK Div /4 */
20      #endif /* BSP_CLOCK_CFG_H_ */
21
```

Abb. 5.8 Parameter des Clock Trees in bsp_clock_cfg.h

und die Ausführung untersucht werden. Für das Debuggen stellt die Debug-Perspective einen dedizierten Satz an Fenstern und Funktionalitäten zur Verfügung, um die Analyse des Verhaltens so umfassend, einfach und übersichtlich wie möglich zu machen. Das beinhaltet z. B. die Möglichkeit, die Ausführung des Codes mittels Breakpoints anzuhalten, Variablen oder Speicherinhalte zu beobachten oder den Code zu prüfen.

Natürlich ist in der finalen Anwendung der Mikrocontroller das zentrale Element, das die Anforderungen der Applikation erfüllen muss. Aber bei der Auswahl des Mikrocontrollers spielt nicht nur die Hardware eine Rolle, sondern auch das verfügbare Toolset muss berücksichtigt werden, um eine zuverlässige und effiziente Entwicklung zu ermöglichen.

Literatur

1. Lange Q, Bogdan M, Schweizer T (2015) Eingebettete Systeme: Entwurf, Modellierung und Synthese, Walter de Gruyter GmbH
2. e²studio v5.2.1.016 Renesas Synergy™ Platform (2016) Rev.1.10., Renesas Electronics

Board Support Package

6

Im vorigen Kapitel wurden die Vorteile dargestellt, die eine gute IDE für den Entwickler bietet: grafische Konfiguration, automatische Code-Generierung und vieles mehr. Somit kann der Mikrocontroller, bevor der anwendungsspezifische Code ausgeführt wird (z. B. in der berühmten main() Funktion in C), grundlegend konfiguriert werden. Dies beinhaltet neben der Einstellung von Clock Tree, Ports oder Peripheriemodulen auch die Konfiguration der C-Laufzeitumgebung mit der Einrichtung von Stacks, Heaps oder der Initialisierung des RAMs.

Die Bereitstellung einer grafischen Konfigurationsmöglichkeit und die damit verbundene automatische Code-Generierung der Initialisierungssoftware ist für Mikrocontroller weit verbreitet und wird von vielen Halbleiterherstellern angeboten. Beispiele sind Renesas Applilet für die RX und RL78 Mikrocontroller, Infineons Dave [1] oder STM32CubeMX [2] von STMicroelectronics. Damit stellen die Firmen den Anwendern Ihre Expertise über die Hardware der Mikrocontroller in Form von Low-Level-Treibern zur Verfügung. Das ist eine interessante Aufgabe für einen Hardware-Entwickler, aber eher nicht für einen Anwendungsentwickler, für den die Applikation im Vordergrund steht.

Sogar mit den Features, die eine IDE wie e²studio bietet, benötigt die Konfiguration der MCU einige Zeit und Aufwand. So muss natürlich die Einstellung des Controllers zu der umgebenden Hardware passen. Der Mikrocontroller ist auf der Platine mit anderen Komponenten und Bauteilen verbunden und interagiert mit diesen über seine Pins. Dementsprechend müssen die Pins passend zur Umgebung als digitaler oder analoger Ein- oder Ausgang konfiguriert werden. Zudem müssen die Funktionalitäten der Peripheriemodule passend zu den angeschlossenen Bauteilen und Funktionen eingestellt werden. Für den Synergy S7G2 Mikrocontroller des Starter Kits müssen demnach 176 Pins gemäß der externen Beschaltung konfiguriert werden. Dazu muss diese Beschaltung vollständig bekannt sein – schwierig, wenn eine fertige Hardware wie ein Starter Kit eingesetzt wird.

© Springer-Verlag GmbH Deutschland, ein Teil von Springer Nature 2019
F. Hüning, *Embedded Systems für IoT*,
https://doi.org/10.1007/978-3-662-57901-5_6

Selbst mit der grafischen Bedienoberfläche ist die passende Konfiguration oft lästig und zeitaufwendig, daher wäre es vorteilhaft, wenn es eine zusätzliche Unterstützung geben würde, um den Mikrocontroller so schnell wie möglich aus dem Reset hin zum Anwendungscode zu kriegen. Für diese zusätzliche Unterstützung wird eine große Kenntnis über den Mikrocontroller und die umgebende Hardware benötigt. Diese profunde Kenntnis hat in der Regel der Halbleiterhersteller bzw. der Hersteller des PCBs. Also liegt es nahe, diese Kenntnisse zu nutzen, um den kompletten Konfigurationscode zu generieren. Zusammen mit der automatischen Code-Generierung kann so der Konfigurationsaufwand erheblich reduziert und die Zuverlässigkeit des Codes signifikant gesteigert werden.

Die zusätzliche Unterstützung kann in Form von einem sogenannten Board Support Package (BSP) bereitgestellt werden. Ein BSP beinhalte die auf die zugehörige Hardware angepassten Konfigurationen und Einstellungen der Module. Somit ist jedes BSP speziell für den verwendeten Mikrocontroller und das Board maßgeschneidert und ermöglicht die automatische Generierung des Start-Codes. Natürlich wieder ohne die Notwendigkeit, auch nur eine Zeile Code zu schreiben, aber diesmal sogar ohne eine grafische Einstellung der Konfigurationsparameter. Einfach beim Start eines Projekts das zugehörige BSP auswählen, den Code automatisch generieren und mit der Entwicklung der Anwendersoftware starten.

6.1   Synergy Board Support Package

Die Synergy BSP konfigurieren den Mikrocontroller nach den Anforderungen der zugehörigen Hardware, z. B. den S7G2 Mikrocontroller für das S7G2 Starter Kit. Das BSP generiert den Initialisierungscode, um den S7G2 Controller nach dem Reset bis zur Anwendungssoftware zu bringen. Durch die Integration der BSP in e²studio ist die Verwendung denkbar einfach. Das BSP ist konform mit dem CMSIS Standard (ARM® Cortex® Microcontroller Software Interface Standard) und folgt demnach den Anforderungen des Standards und der definierten Namenskonvention. Das BSP ist die Grundlage aller Synergy-Projekte, aber natürlich können alle Einstellungen des BSP durch die grafische Konfiguration geändert werden, falls dies notwendig sein sollte [3].

Abb. 6.1 zeigt den Ablauf des BSP Codes, um den Mikrocontroller vom Reset zur Anwendungssoftware zu bringen [4]. Dabei werden die Stacks, Takte, Interrupts und die C-Laufzeitumgebung konfiguriert sowie die boardspezifischen Einstellungen gemacht. Innerhalb der PreC runtime initialization hook wird der Clock Tree initialisiert und Funktionen wie Sicherheitscode oder Überprüfung des Speichers werden ausgeführt. Die PostC runtime initialization hook führt weitere spezielle Funktionen wie eine ADC Überprüfung aus.

Der Code, der mittels des BSP erzeugt wird, wird in entsprechenden Konfigurationsdateien abgelegt, die sich im Ordner …\workspace\MyBlinky\synergy_cfg\ssp_cfg\bsp befinden. Die Dateien sind somit jederzeit sichtbar, allerdings sollten sie

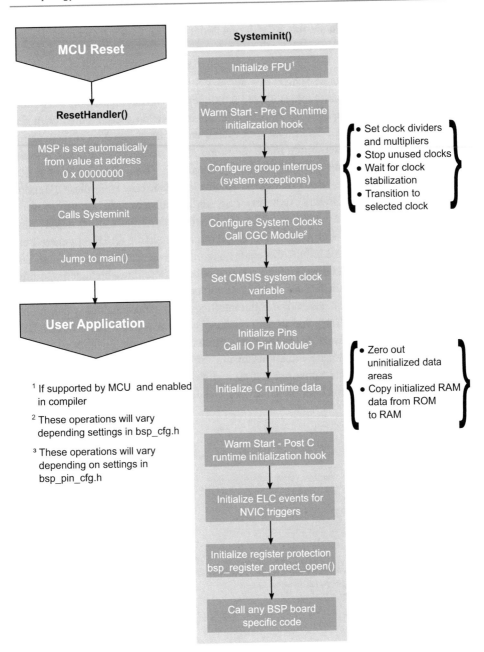

MCU Reset

ResetHandler()

MSP is set automatically
from value at address
0 x 00000000

Calls Systeminit

Jump to main()

User Application

[1] If supported by MCU and enabled
in compiler

[2] These operations will vary
depending settings in bsp_cfg.h

[3] These operations will vary
depending on settings in
bsp_pin_cfg.h

Systeminit()

Initialize FPU[1]

Warm Start - Pre C Runtime
initialization hook

Configure group interrups
(system exceptions)

Configure System Clocks
Call CGC Module[2]

Set CMSIS system clock
variable

Initialize Pins
Call IO Pirt Module[3]

Initialize C runtime data

Warm Start - Post C
runtime initialization hook

Initialize ELC events for
NVIC triggers

Initialize register protection
bsp_register_protect_open()

Call any BSP board
specific code

- Set clock dividers
  and multipliers
- Stop unused clocks
- Wait for clock
  stabilization
- Transition to
  selected clock

- Zero out
  uninitialized data
  areas
- Copy initialized RAM
  data from ROM
  to RAM

Abb. 6.1   BSP: Vom Reset zur Anwendungssoftware

nicht verändert werden, da sie mit jeder Neugenerierung des Codes („Generate Project Content") neu erzeugt werden und damit alle manuellen Änderungen in den Dateien verloren gehen.

Das BSP bildet die unterste Schicht des Synergy Software Package. Neben der Grundkonfiguration des Mikrocontrollers stellt es Funktionen zur Verfügung, die der Anwender oder höhere Softwareschichten nutzen können. So gehören zu diesen Funktionen das Interrupt-Handling oder der Speicherschutz. Dabei wird eine strikte Namenskonvention eingehalten: alle Funktionen starten mit R_BSP und alle Makros mit BSP_. Als Beispiel ist in Abb. 6.2 die Funktion R_CGC_ClocksCfg dargestellt. Diese Funktion konfiguriert beim Start den Clock Tree des Controllers. Anwendungssoftware kann diese Funktion ebenfalls aufrufen, um bei Bedarf Änderungen an den Takteinstellungen vorzunehmen.

Die Gesamtheit dieser Funktionen bilden die Programmierschnittstelle des BSP. Eine Programmierschnittstelle oder Application Programming Interface (API) ist generell ein Satz von Funktionen eines Moduls, die einer höheren Softwareschicht Dienste zur Verfügung stellen. Diese Funktionen können von den höheren Softwareschichten aufgerufen werden, um die Funktionalitäten des Moduls zu nutzen. Dadurch stellt die API eine Abstraktion der Hardware bzw. generell der darunterliegenden Funktionalitäten dar, indem die low-level Programmierung von der Anwendung getrennt werden. Im Falle des BSP wird die Komplexität der hardwarenahen Programmierung durch die Funktionen der API derart gekapselt, dass einfache Funktionsaufrufe durch die Anwendungssoftware ausreichen, um die gewünschte Funktionalität zu realisieren, ohne dass sich der Anwender um Registerprogrammierung oder die Hardware-Details kümmern muss.

```
222        }
223
225        * * @brief  Reconfigure all main system clocks.
239        ssp_err_t R_CGC_ClocksCfg(cgc_clocks_cfg_t const * const p_clock_cfg)
240        {
241            ssp_err_t err = SSP_SUCCESS;
242            cgc_clock_t requested_system_clock = p_clock_cfg->system_clock;
243            cgc_clock_cfg_t * p_pll_cfg = (cgc_clock_cfg_t *)&(p_clock_cfg->pll_cfg);
244            cgc_system_clock_cfg_t sys_cfg = {
245                .pclka_div = CGC_SYS_CLOCK_DIV_1,
246                .pclkb_div = CGC_SYS_CLOCK_DIV_1,
247                .pclkc_div = CGC_SYS_CLOCK_DIV_1,
248                .pclkd_div = CGC_SYS_CLOCK_DIV_1,
249                .bclk_div = CGC_SYS_CLOCK_DIV_1,
250                .fclk_div = CGC_SYS_CLOCK_DIV_1,
251                .iclk_div = CGC_SYS_CLOCK_DIV_1,
252            };
253            cgc_clock_t current_system_clock = CGC_CLOCK_HOCO;
254            g_cgc_on_cgc.systemClockGet(&current_system_clock, &sys_cfg);
255
256            cgc_clock_change_t options[CGC_CLOCK_NUM_CLOCKS];
257            options[CGC_CLOCK_HOCO] = p_clock_cfg->hoco_state;
258            options[CGC_CLOCK_LOCO] = p_clock_cfg->loco_state;
259            options[CGC_CLOCK_MOCO] = p_clock_cfg->moco_state;
260            options[CGC_CLOCK_MAIN_OSC] = p_clock_cfg->mainosc_state;
261            options[CGC_CLOCK_SUBCLOCK] = p_clock_cfg->subosc_state;
262            options[CGC_CLOCK_PLL] = p_clock_cfg->pll_state;
263
264        #if CGC_CFG_PARAM_CHECKING_ENABLE
265            CGC_ERROR_RETURN(HW_CGC_ClockSourceValidCheck(requested_system_clock), SSP_ERR_INVALID_ARGUMENT);
266            CGC_ERROR_RETURN(CGC_CLOCK_CHANGE_STOP != options[p_clock_cfg->system_clock], SSP_ERR_INVALID_ARGUMENT);
267            if (CGC_CLOCK_CHANGE_START == options[CGC_CLOCK_PLL])
268            {
269                CGC_ERROR_RETURN(HW_CGC_ClockSourceValidCheck(p_pll_cfg->source_clock), SSP_ERR_INVALID_ARGUMENT);
270                CGC_ERROR_RETURN(CGC_CLOCK_CHANGE_STOP != options[p_pll_cfg->source_clock], SSP_ERR_INVALID_ARGUMENT);
271            }
272        #endif /* CGC_CFG_PARAM_CHECKING_ENABLE */
```

Abb. 6.2 R_CGC_ClocksCfg Funktion zur Konfiguration der Systemtakte

Details zu allen Funktionen, die die API des BSP zur Verfügung stellt, können über das Smart Manual von e^{2}studio erhalten werden, sodass der Einsatz der Schnittstelle sehr einfach ist. Andere Beispiele für Funktionen, die die BSP API bereitstellt, sind das Stoppen von dedizierten Modulen (R_BSP_ModuleStop) oder das Einschalten des Registerschutzes (R_BSP_RegisterProtectEnable).

Beim Start eines neuen Synergy Projekts ist der erste Schritt die Auswahl des passenden BSP (s. Kap. 13). Für alle von Renesas entwickelten Boards sind dazugehörige BSP verfügbar und können beim Start während der Projekt-Konfiguration ausgewählt werden. Die Auswahl eines BSP beinhaltet natürlich auch direkt die richtige Auswahl des zugehörigen Mikrocontrollers. So hat das S7G2 Starter Kit ein eigenes BSP, das den R7FS7G27H3A01CFC nutzt – den Mikrocontroller, der auf dem Board verwendet wird.

Nachdem das Projekt in e^{2}studio aufgesetzt wurde findet sich das BSP Konfigurationsfenster in der Configuration Perspective, als Tab direkt neben den Tabs für die Konfiguration der Pins, der Takte oder der Threads. Wie üblich in der Configuration Perspective sind alle Eigenschaften des gewählten Tabs unten links im Properties Tab aufgelistet. In Abb. 6.3 sind einige Eigenschaften des BSP und des Mikrocontrollers erkennbar, diese beinhalten die Speichergrößen (Flash-Speicher, RAM, ROM)m Gehäuseform und Pinzahl, Spannungspegel, Einstellungen des Watchdog-Timers und viele mehr.

Auch wenn die Konfiguration des Mikrocontrollers grafisch und mithilfe des BSP durchgeführt wird und damit einfach und intuitiv ist, so können sich doch immer Fehler einschleichen. Daher bietet e^{2}studio automatische Überprüfungen an, ob die gewählten Einstellungen konsistent sind oder ob es Konflikte in den Einstellungen gibt. So gibt es für die Pin-Konfiguration eine Überprüfung, ob ein Pin mehreren Modulen zugeordnet wurde. Jegliche Inkonsistenz wird dargestellt und beschrieben, um das Problem möglichst schnell zu finden. Z. B. durch die Darstellung der Pinbelegung des Controllers auf

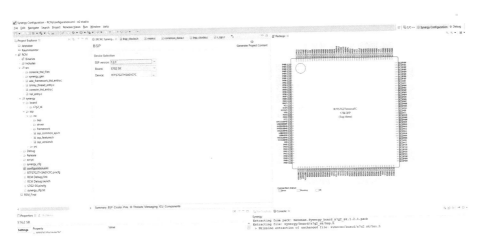

Abb. 6.3 BSP Konfigurationstab

der rechten Seite des BSP Tabs. Durch diese Konsistenzprüfung wird die Zuverlässigkeit der Konfiguration und damit des Initialisierungscodes erheblich gesteigert.

Das Konzept des BSP bietet dem Anwender zahlreiche Vorteile wie die automatischen Einstellungen, eine hardwarenahe API und die Codegenerierung. Zudem kann der Speicherbedarf der Startsoftware genau angegeben werden, was bei einer größenlimitierten Größe wie der Speichergröße sehr wichtig sein kann. Trotzdem benötigt der Code natürlich einen gewissen Speicherbereich, sowohl flüchtigen wie nicht-flüchtigen Speicher. Die benötigte Speichergröße hängt vom jeweiligen BSP und vom verwendeten Compiler ab. So ist in Tab. 6.1 der benötigte Flash-Speicher für einige BSP angegeben, die mit dem GCC Compiler, der auch im Praxisprojekt eingesetzt wird, compiliert wurden. Für das S7G2 BSP ist der Initialisierungscode kleiner als 6 kB.

Für bestehende Boards werden zugehörige BSP bereitgestellt. Für ein eigenes Board, z. B. die Zielhardware, kann ein eigenes BSP einfach und in wenigen Schritten erzeugt werden – vom Entwickler, der das Board am besten kennt:

- Anlegen eines neuen Synergy Projekts in e^{2}studio
- Bei der Konfiguration „Customer User Board (Any Device)" und Mikrocontroller auswählen
- Alle Einstellungen mittels der grafischen Konfiguration für alle Tabs treffen
- Den Code erzeugen mittels „Generate Project Content"
- Exportieren der Boardkonfiguration in ein BSP durch Rechtsklick auf das Projekt und „Export Synergy User Pack"
- Erstellung eines BSP durch geführten Export

Bei der Erstellung eines eigenen BSP muss der Entwickler natürlich die Einstellungen selber kennen und vornehmen. Aber wenn das einmal getan ist und ein BSP für das Board verfügbar ist, kann es immer wieder verwendet werden.

Tab. 6.1 Speicherbedarf für unterschiedliche BSP (GCC Compiler) [4]

BSP	Flash-Speicher (Bytes)
SK-S7G2	5577
DK-S3A7	5093
DK-S124	3245
PK-S5D9	4888

Literatur

1. https://www.infineon.com/cms/de/product/microcontroller/32-bit-tricore-microcontroller/dave-version-2-legacy/#!documents Zugegriffen: 18. Mai 2018
2. http://www.st.com/content/ccc/resource/technical/document/data_brief/7a/81/a9/b5/72/99/4b/be/DM00103564.pdf/files/DM00103564.pdf/jcr:content/translations/en.DM00103564.pdf Zugegriffen: 18. Mai 2018
3. Renesas Synergy Software Package (SSP) User's Manual (2016) v1.2.0-b.1, Rev.0.96., Renesas Electronics
4. Synergy™ Software Package (SSP) Datasheet (2017) v1.2.0, Rev.1.34, Renesas Electronics

Hardware-Abstraktionsschicht

Nachdem der Mikrocontroller mittels des BSP richtig konfiguriert wurde, kann die Programmierung der Anwendungssoftware starten. Aber was ist die Anwendungssoftware? Auf der einen Seite steht dabei die eigentliche Anwendung, die realisiert werden soll, z. B. Regelalgorithmen, die in Matlab®/Simulink® entwickelt wurden. Diese Algorithmen interessieren sich erst einmal nicht für die zugrunde liegende Hardware, auf der sie laufen sollen. Auf der anderen Seite müssen die Hardwaremodule des Controllers korrekt verwendet werden, um die gewünschte Funktionalität zu realisieren. Im Endeffekt wird so die Anwendungssoftware eine Mischung aus anwendungsbezogenem und hardwarenahem Code. Eine solche Mischung ist allerdings in der Regel hochgradig ungeeignet, insbesondere für komplexe Systeme. Um eine eventuell besser geeignete Methode zu finden, sollen zunächst ein paar grundlegende Ideen zu Software und Programmierung eingeführt werden (s. [1]) – zumindest zu einem gewissen Grad…

Was macht eine gute Software und eine gute Programmierung aus? Nun, das hängt sicherlich davon ab, wen man fragt… Aber die erste Anforderung ist offensichtlich und allgemein gültig: die Software soll wie gewünscht und spezifiziert funktionieren. Ein unter allen Umständen zuverlässig funktionierender Code ist die Grundlage für alles Weitere.

Um nachzuweisen, dass der Code funktioniert, muss er entsprechend getestet werden, von daher ist die Testbarkeit des Codes ein wichtiges Kriterium für seine Güte. Dabei gilt der Grundsatz: alles, was nicht getestet wurde, funktioniert nicht – natürlich nicht immer, aber es besteht zumindest ein gewisses Risiko, dass nicht getestete Funktionen nicht wie spezifiziert funktionieren. Also wird eine geeignete Testumgebung benötigt, um einen Satz an Testfällen gemäß einer Testspezifikation umsetzen zu können (s. auch Kap. 12). Um dann Fehler im Code identifizieren zu können, muss dieser gut und einfach zu debuggen sein – sonst wird die Fehlersuche wie die Suche nach der Nadel im Heuhaufen.

© Springer-Verlag GmbH Deutschland, ein Teil von Springer Nature 2019
F. Hüning, *Embedded Systems für IoT,*
https://doi.org/10.1007/978-3-662-57901-5_7

Im Sinne der Effizienz und Zuverlässigkeit der Softwareentwicklung macht es Sinn, zuverlässigen und getesteten Code wiederzuverwenden, um nicht für jedes neue Projekt das Rad neu zu erfinden. Daher sollte die Software auf unterschiedliche Hardware portierbar sein, z. B. unterschiedliche Mikrocontroller der Synergy Serie. Demnach ist eine einfache Austauschbarkeit des hardwarenahen Codes sehr wünschenswert. Neben der Flexibilität der Software im Hinblick auf die zugrunde liegende Hardware sollte der Code auch flexibel sein in Bezug auf die Anwendung, um den Code einfach und zuverlässig auf geänderte Anforderungen und Funktionalitäten anpassen zu können. Die gewünschte Flexibilität kann durch einen Code bereitgestellt werden, der zum einen so einfach wie möglich aufgebaut und geschrieben ist, zum anderen eine hohe Benutzerfreundlichkeit aufweist. Dies kann beispielsweise durch eine klare Struktur des Codes und eine gute Lesbarkeit erreicht werden.

In Anhängigkeit von der Anwendung können die Einsatzzeiten und Lebensdauern von eingebetteten Systemen sehr lang sein. So kann es während dieser Zeit notwendig werden, die Software zu aktualisieren und die Änderungen wiederum auf den Controller zu flashen. Um dies zu ermöglichen, sollte die Software übersichtlich und gut zu warten sein, damit nicht nur die ursprünglichen Entwickler, sondern auch andere Software-Entwickler die Updates entwickeln, einpflegen und testen können.

Nimmt man alle diese Punkte und Anforderungen zusammen, so wird schnell klar, dass eine Mischung aus hardwarenahem und anwendungsbezogenem Code möglich ist, aber keine gute Idee darstellt. Besser wäre sicherlich eine gute Trennung zwischen Hardware und Anwendung und ein klar strukturierter, modularisierter Aufbau.

Dieser Ansatz führt uns zurück zum Board Support Package bzw. zu der Idee dahinter: die grundlegende Interaktion mit der Hardware, wie zum Beispiel die Programmierung auf Registerebene, wird in vordefinierten Funktionen des BSP durchgeführt. Diese Funktionen zusammen bilden die API des BSP und stellen somit einen gewissen Grad an Abstraktion von der Komplexität der Hardware dar. Software, die auf dem BSP aufsetzt, kann die API durch den Aufruf der Funktionen nutzen uns muss selber gar nicht direkt mit der Hardware interagieren. Genau dieser Ansatz, Kapseln von Komplexität und Bereitstellung einer API, wird mit einem höheren Abstraktionsgrad bei der Hardware-abstraktionsschicht (HAL, Hardware Abstraction Layer) verfolgt – und auch im Weiteren mit der Middleware oder den Frameworks (Kap. 9, 10 und 11).

Grundlage der Hardwareabstraktionsschicht ist eine komponentenbasierte Software-architektur (Abb. 7.1). In dieser Architektur wird die Software in individuelle funktionale oder logische Komponenten oder Module aufgeteilt. Jedes Modul beinhaltet einen Satz von dedizierten Funktionen. Diese Aufteilung resultiert in einer modularen Software, die einen hohen Grad an Abstraktion aufweist. Die Module kommunizieren mit anderen Modulen (oder einer Anwendungssoftware) über Schnittstellen und stellen so ihre Funktionalität anderen Modulen zur Verfügung – die jeweilige API des Moduls. Demzufolge können Module auch ihrerseits Funktionen von anderen Modulen benötigen, auf die sie dann wiederum mittels deren API zugreifen.

Abb. 7.1 Schematische
Darstellung einer
komponentenbasierten
Software; Pfeile stellen
Schnittstellen dar

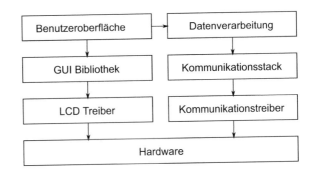

Die Modularität der Software bietet zahlreiche Vorteile, insbesondere im Hinblick auf die Flexibilität, die Wiederverwertbarkeit, die Zuverlässigkeit und die Testbarkeit. Da die Module wohldefinierte Funktionen und Schnittstellen ausweisen, können Sie ohne großen Aufwand in unterschiedlichen Anwendungen und Systemen verwendet werden. Aus dem gleichen Grund können Module einfach durch Module mit ähnlicher Funktionalität ersetzt werden. Da auf die gekapselte Funktionalität nur über die API zugegriffen werden kann, muss für den Entwickler noch nicht einmal der innere Aufbau eines Moduls bekannt sein.

Wie bereits ober aufgeführt weist jedes Modul Schnittstellen auf, um mit anderen Modulen zu kommunizieren bzw. die eigenen Dienste zur Verfügung zu stellen (Abb. 7.2). Durch Funktionsaufrufe kann jedes Modul auf die Funktionen tieferer Softwareschichten zugreifen bzw. stellt durch seine API seine Funktionen für höhere Schichten zur Verfügung. Somit abstrahiert die API die konkrete Implementierung der Funktionalität und stellt einfach zu nutzende Funktionen zur Verfügung.

Zusätzlich zu der einfachen Nutzung der Module sind diese auch völlig unabhängig voneinander und können derart kombiniert werden, dass neue und komplexere Anwendungen realisiert werden. Abb. 7.3 zeigt den Software-Stack einer Audio Playback Funktion als Beispiel aus dem Synergy Software Package. Ein Teil der Anwendungssoftware realisiert eine Audio Playback Funktion und nutzt dazu das Audio Playback Modul, das diese Funktion über eine API zur Verfügung stellt. Dieses Modul seinerseits benötigt ein Modul für den Datentransfer – dabei ist es der eigentlichen Anwendung völlig egal, wie dieser Datentransfer gemacht wird bzw. welches Modul dafür verwendet wird. In diesem Beispiel nutzt das Audio Playback Modul die Funktionalität des Data Transfer Controllers (DTC). Jedes andere Datentransfermodul,

Abb. 7.2 Schematische
Darstellung eines
Softwaremoduls (links) und
Beispiel für Anwensungscode,
der auf ein Modul zugreift
(rechts)

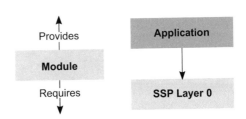

das die Anforderungen des Audio Playback Moduls erfüllt, könnte ebenso verwendet werden. Dazu müsste nur das Transfermodul getauscht werden. Die Anwendungssoftware ist von diesem Tausch völlig entkoppelt und kann unverändert bleiben. Andere Teile der Anwendungssoftware nutzen hier einen UART und SD Karten Treibermodul. Auch diese beiden Module benötigen ihrerseits ein Datentransfermodul und nutzen das gleiche DTC Modul wie für die Audio Playback Funktion. So kann der Code schlank, übersichtlich und gut wiederverwertbar gestaltet werden.

Die Vorteile einer komponentenbasierten Architektur, die Module mit wohldefinierten Funktionen und Schnittstellen nutzt, sind vielfältig:

- Austauschbarkeit
- Flexibilität
- Einfachere Entwicklung
- Zuverlässigkeit
- Kostenreduktion durch die Wiederverwendung von Modulen
- Gute Wartbarkeit
- Erweiterbarkeit

Die Verwendung von Modulen vereinfacht das Leben eines Entwicklers erheblich. Eine schematische Darstellung eines modularen Softwareaufbaus zeigt Abb. 7.4. Der Anwendungscode greift auf unterschiedliche Module zu, die wiederum selber mit dem BSP oder einem Betriebssystem (Kap. 8) interagieren. Von der Nutzbarkeit und der Flexibilität im Hinblick auf die Anwendung ist dieser Ansatz der Architektur schon sehr gut, da die Anwendung nicht direkt auf die Hardware oder das BSP zugreift. Aber die Portierbarkeit auf andere Hardware ist eingeschränkt: wenn sich die Hardware und damit das BSP oder das Betriebssystem ändern, müssen auch die Module geändert werden, da sie direkt auf das BSP und das Betriebssystem zugreifen.

Abb. 7.3 Modulstack für eine Audio Playback Funktion

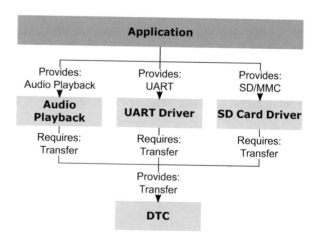

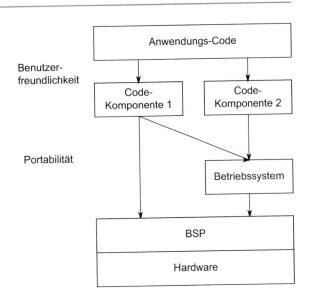

Abb. 7.4 Schematische Darstellung einer modularen Software, deren Module mit dem BSP bzw. dem Betriebssystem interagieren

Um die Portierbarkeit des Codes, insbesondere der Module, zu erhöhen, können zusätzliche Zwischenmodule zu jedem Modul hinzugefügt werden, die die Verbindung zum BSP bzw. zur Hardware darstellen (Abb. 7.5). Die eigentliche Funktionalität bleibt in den Modulen, nur die Schnittstelle zur Hardware wird in die Schnittstellenmodule ausgelagert. Wenn sich die Hardware ändert, kann das Modul und seine Funktion

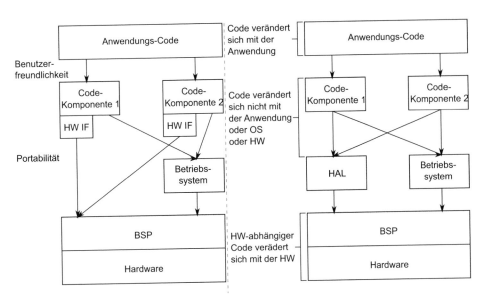

Abb. 7.5 Module mit Hardware-Schnittstelle für eine bessere Portierbarkeit (links); HAL Schichtenmodell

unverändert bleiben und nur das jeweilige Schnittstellenmodul muss angepasst werden. Damit wird die Portierbarkeit erhöht, da die Module keinen BSP/Hardware-Teil mehr aufweisen. Allerdings benötigt jedes Modul ein zugehöriges Schnittstellenmodul, sodass der Aufwand und der Speicherbedarf sehr groß sind.

Um den Aufwand und den Speicherbedarf erheblich zu reduzieren, dabei aber die Portabilität beizubehalten, wird statt der individuellen Schnittstellenmodule nur noch eine Zwischenschicht verwendet – die Hardwareabstraktionsschicht bzw. Hardware Abstraction Layer (HAL). Diese Schicht separiert die Module vollständig von der Hardware und dem BSP und macht sie damit komplett unabhängig. Wenn sich Hardware oder BSP ändern, bleibt der Modulcode davon unverändert, da die Module nur auf die API der HAL zugreifen. Die HAL verbirgt die Komplexität der Hardware für die Module und Anwendungskomponenten. Durch die Bereitstellung einer API, auf die die höheren Softwareschichten zugreifen können, ermöglicht die HAL einen höheren Grad an Abstraktion von der Hardware und eine große Flexibilität und Portabilität. Damit hängt der Anwendungscode nur noch von der Anwendung ab – und nicht mehr von der verwendeten Hardware.

Die Modularisierung der Software und die Verwendung einer Hardwareabstraktionsschicht bieten viele Vorteile: die Flexibilität auf Änderungen der Hardware ist sehr hoch, und sowohl Anwendungs- als auch Modulcode ist hardwareunabhängig. Das erhöht zudem die Möglichkeiten zur Wiederverwendung von Code – ein großer Vorteil auch im Hinblick auf Verkürzung der Entwicklungszeit und höhere Effizienz der Entwicklung. Durch die Wiederverwendung von bestehenden Modulen und Anwendungscode erhöht sich auch die Qualität der Software und sie wird weniger Fehler enthalten. Das wiederum reduziert den Testaufwand erheblich bzw. macht komplexe und mächtige Software erst einigermaßen gut testbar und erhöht so die Zuverlässigkeit der Anwendung signifikant.

Damit eine HAL für eine Anwendung sinnvoll genutzt werden kann, muss sie einige Anforderungen erfüllen:

- Anpassung auf die jeweilige Hardware
- Nachgewiesene Funktionalität
- Vollständig getestet und fehlerfrei
- Standardisierte API
- Vollständige und verständliche Dokumentation
- Möglichst kompakt und geringer Speicherbedarf

Wenn diese Anforderungen erfüllt sind ermöglicht eine HAL die Entkoppelung der Anwendungssoftware von der Hardware und einen hohen Abstraktionsgrad der Entwicklung – der Fokus der Entwicklung kann dann auf der gewünschten Anwendungsfunktionalität liegen, nicht auf der hardwarenahen Programmierung.

7.1 Synergy Hardware Abstraction Layer 83

7.1   Synergy Hardware Abstraction Layer

Die Synergy HAL wurde explizit für die Synergy Mikrocontroller entwickelt und erfüllt alle Anforderungen an eine Hardwareabstraktionsschicht. Die Funktionalität ist ausgiebig geprüft und nachgewiesen und der Code enthält keine Bugs – okay, es kann für kein komplexeres technisches System bewiesen werden, dass es vollständig fehlerfrei ist, das gilt auch für eine Softwarekomponente wie die HAL. Aber zumindest werden alle Bugs, die noch gefunden werden sollten, schnellstmöglich von Renesas behoben. Alle Funktionen und Schnittstellen sowie die API sind im Synergy Software Package User's Manual vollständig dokumentiert und beschrieben [2]. Eine wesentliche Vereinfachung für die Verwendung der HAL, ohne die komplette 25.000 Seiten des User's Manual lesen zu müssen, stellen auch wieder Features von e²studio dar, wie der Selbstvervollständigung oder das Smart Manual.

Abb. 7.6 zeigt einen Überblick über das Synergy Software Package. Die HAL Treiber sind unabhängig vom Mikrocontroller und stellen wohldefinierte Treiber für die Peripheriemodule der Controller dar. Die HAL ist oberhalb des Board Support Packages angeordnet und verwendet die API des BSP, um auf die Hardware zuzugreifen. Die Hardwareabstraktionsschicht ist völlig unabhängig von einem Betriebssystem bzw. ob überhaupt ein Betriebssystem eingesetzt wird. Für höhere Softwareschichten wie dem Anwendungscode oder Middleware-Module stellt die HAL ihrerseits eine API zur

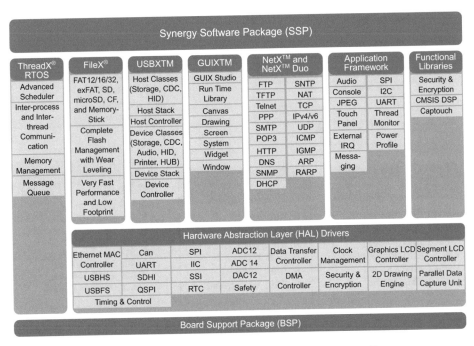

Abb. 7.6 Übersicht der Synergy SSP mit der Hardwareabstraktionsschicht [3]

Verfügung. Falls notwendig, können die höheren Softwaremodule natürlich auch ohne die HAL direkt auf das BSP zugreifen. Die HAL umfasst zahlreiche Module, die die unterschiedlichen Peripheriemodule der Controller wiederspiegeln, so für Kommunikation, analoge Module oder Timer. Die Zuordnung zu den Peripheriemodulen zeigt sich in der Nomenklatur der HAL-Module, wobei es nicht unbedingt eine 1:1 Zuordnung geben muss. So kann die benötigte Hardwarefunktionalität durch unterschiedliche HAL Treiber implementiert werden:

- Einige Peripheriemodule unterstützen mehrere Schnittstellen
- Einige Schnittstellen werden durch mehrere Peripheriemodule unterstützt
- Für einige Peripheriemodule gibt es eine 1:1 Zuordnung zu einer Schnittstelle

In Abb. 7.7 sind zwei Möglichkeiten dargestellt. Die I^2C -Schnittstelle kann durch zwei HAL-Treiber realisiert werden, IIC on HAL HLD oder RIIC HAL HLD. Dagegen gibt es eine 1:1 Zuordnung der UART-Schnittstelle zu einem HAL-Treiber, dem UART on SCI HAL HLD.

Dies ermöglicht eine flexible und erweiterbare Konfiguration der zugrunde liegenden Hardware.

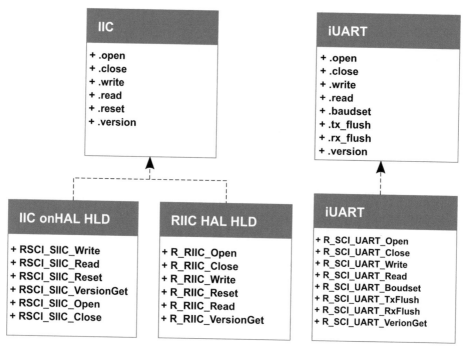

Abb. 7.7 Das I^2C Interface wird durch zwei Peripheriemodule unterstützt (links); 1:1 Zuordnung von UART

Der interne Aufbau jedes HAL-Moduls spiegelt erneut die Aufspaltung in einen Schnittstellenteil und einen hardwarenahen Teil wider (Abb. 7.8). Das Implementierungsmodul (LLD, Low-Level-Driver) hat über das BSP direkten Zugriff auf die Hardware und greift so auf die Register der Peripheriemodule zu. Das Interfacemodul (HLD, High-Level-Driver) interagiert nicht mit der Hardware oder den Registern, sondern stellt die API zur Verfügung. Als generelle Namenskonvention und zur einfacheren Indentifizierung beginnen alle Modulnamen mit R_, z. B. R_CGC für Clock Generation Circuit.

Die HAL des SSP besteht aus 38 Modulen, die die Hardwaremodule der Synergy Mikrocontroller unterstützen. Jedes Modul ist ausführlich im SSP User's Manual dokumentiert [2]. Diese Beschreibung beinhaltet auch die Beschreibung der jeweiligen Interface- und Implementierungsmodule.

Da jedes verwendete HAL-Modul einen gewissen Speicherbedarf hat (und Speicher in eingebetteten Systemen nur begrenzt zur Verfügung steht) werden die Speicheranforderungen im SSP Datenblatt aufgeführt. So benötigt die HAL des S7G2 Mikrocontrollers 4127 Bytes Flash-Speicher.

Wie man ein Modul zu einem Thread hinzufügt und wie das Modul für die eigene Anwendung konfiguriert wird, wird detailliert in den Kapiteln Kap. 8 und 13 beschrieben. Nichtsdestotrotz soll hier kurz die Verwendung der HAL gezeigt werden. Ausgangspunkt dafür ist das sogenannte Blinky-Projekt, das direkt beim Aufsetzen eines neuen Projekts in e^{2}studio ausgewählt werden kann (Kap. 13). Das Programm ist ein einfacher Startpunkt für die Arbeit mit Renesas Synergy, vergleichbar zu dem berühmten „Hello World" Programm. Die Aufgabe des Blinky-Projekts ist es, eine LED des S7G2 Starter Kits ein- und auszuschalten, nicht mehr und nicht weniger. Aber selbst diese triviale Anwendung kann schon viele Details über die Nutzung der HAL und von Modulen zeigen.

Das Blinky-Projekt erzeugt und konfiguriert automatisch die benötigten HAL Module:

- R_CGC: Clock Generation Circuit Modul
- R_ELC: Event Link Controller Modul
- R_IOPORT: IO Port Modul

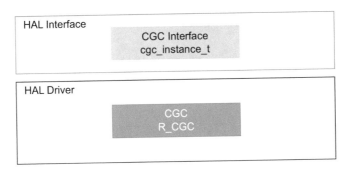

Abb. 7.8 Aufteilung eines HAL-Moduls in LLD und HLD, hie Clock Generation Circuit

Die Treibermodule CGC und IOPORT sind selbsterklärend, der Event Link Controller verbindet Peripheriemodule durch Events miteinander.

Die main() Funktion, die nach dem Startup des Controllers ausgeführt wird, ruft nur den automatisch generierten Code und den Anwendungscode auf. Sie wird bei jeder Codegenerierung mittels „Generate Project Content" neu erzeugt und sollte daher nicht manuell verändert werden – insbesondere sollte nicht der Anwendungscode hier geschrieben werden. Der Code für die Blinky-Anwendung steht in der Datei blinky_thread_entry_.c im src-Ordner (Abb. 7.9).

Die Struktur bsp_leds_t wird von der BSP API bereitgestellt und beinhaltet die Informationen über die Anzahl an LEDs auf dem Board sowie deren Pins. Der Datentyp ioport_level_t gibt die möglichen Pegel an, die für die einzelnen Pins gesetzt oder

```
 2   ** File Name    : blinky_thread_entry.c
 5
 6       #include "blinky_thread.h"
 7
 9    * * @brief  Blinky example application
15    void blinky_thread_entry(void)
16      {
17          /* Define the units to be used with the threadx sleep function */
18          const uint32_t threadx_tick_rate_Hz = 100;
19          /* Set the blink frequency (must be <= threadx_tick_rate_Hz */
20          const uint32_t freq_in_hz = 2;
21          /* Calculate the delay in terms of the threadx tick rate */
22          const uint32_t delay = threadx_tick_rate_Hz/freq_in_hz;
23          /* LED type structure */
24          bsp_leds_t leds;
25          /* LED state variable */
26          ioport_level_t level = IOPORT_LEVEL_HIGH;
27
28          /* Get LED information for this board */
29          R_BSP_LedsGet(&leds);
30
31          /* If this board has no leds then trap here */
32          if (0 == leds.led_count)
33          {
34              while(1);    // There are no leds on this board
35          }
36
37          while (1)
38          {
39              /* Determine the next state of the LEDs */
40              if(IOPORT_LEVEL_LOW == level)
41              {
42                  level = IOPORT_LEVEL_HIGH;
43              }
44              else
45              {
46                  level = IOPORT_LEVEL_LOW;
47              }
48
49              /* Update all board LEDs */
50              for(uint32_t i = 0; i < leds.led_count; i++)
51              {
52                  g_ioport.p_api->pinWrite(leds.p_leds[i], level);
53              }
54
55              /* Delay */
56              tx_thread_sleep (delay);
57          }
58      }
59
```

Abb. 7.9 Anwendungscode des Bliky-Projekts in blinky_thread_entry.c

gelesen werden können, also „high" oder „low". Die erste BSP API Funktion, die benutzt wird, ist R_BSP_LedsGet(&leds). Diese Funktion gibt Informationen über die LEDs des Boards zurück. Die erste if-Abfrage prüft, ob überhaupt LEDs auf dem Board vorhanden sind. Wenn die die Anzahl gleich Null ist, macht das Programm nichts weiter. Ansonsten wird die zweite if-Verzweigung zur Bestimmung des neuen Zustands der LEDs verwendet, um das Ein- und Ausschalten im nächsten Schritt zu realisieren. In der for-Schleife werden die Ausgangsports für die LEDs neu gesetzt durch Verwendung des g_ioport Moduls der HAL. pinWrite ist dabei ein Pointer auf die Funktion, die den spezifizierten Pegel (level) für den ausgewählten Pin (leds-p_leds[i]) setzt. Dies wird für alle LED-Pins durchgeführt. Die letzte Funktion tx_thread_sleep wird vom Echtzeitbetriebssystem zur Verfügung gestellt (Kap. 8). Damit wird der aufrufende Thread für eine spezifizierte Anzahl an Timer-Ticks (delay) ausgesetzt.

Mit nur wenigen Funktionen, die durch die APIs zur Verfügung gestellt werden, kann das Projekt einfach und kompakt realisiert werden. Wenn die Funktionsweise oder die Verwendung von Strukturen oder Funktionen unklar sind, dann hilft das Smart Manual weiter. Durch einfaches Drücken von „Ctrl + Space" bei einer Variablen oder Funktion werden alle verfügbaren Optionen und Templates aufgeführt (Abb. 7.10).

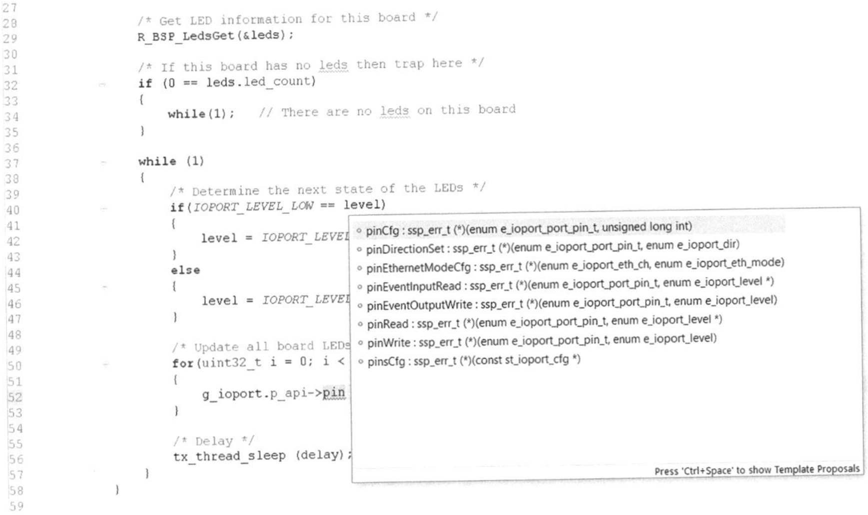

```
27
28          /* Get LED information for this board */
29          R_BSP_LedsGet(&leds);
30
31          /* If this board has no leds then trap here */
32          if (0 == leds.led_count)
33          {
34              while(1);    // There are no leds on this board
35          }
36
37          while (1)
38          {
39              /* Determine the next state of the LEDs */
40              if(IOPORT_LEVEL_LOW == level)
41              {
42                  level = IOPORT_LEVEL
43              }
44              else
45              {
46                  level = IOPORT_LEVEL
47              }
48
49              /* Update all board LEDs
50              for(uint32_t i = 0; i <
51              {
52                  g_ioport.p_api->pin
53              }
54
55              /* Delay */
56              tx_thread_sleep (delay);
57          }
58      }
59
```

- pinCfg : ssp_err_t (*)(enum e_ioport_port_pin_t, unsigned long int)
- pinDirectionSet : ssp_err_t (*)(enum e_ioport_port_pin_t, enum e_ioport_dir)
- pinEthernetModeCfg : ssp_err_t (*)(enum e_ioport_eth_ch, enum e_ioport_eth_mode)
- pinEventInputRead : ssp_err_t (*)(enum e_ioport_port_pin_t, enum e_ioport_level *)
- pinEventOutputWrite : ssp_err_t (*)(enum e_ioport_port_pin_t, enum e_ioport_level)
- pinRead : ssp_err_t (*)(enum e_ioport_port_pin_t, enum e_ioport_level *)
- pinWrite : ssp_err_t (*)(enum e_ioport_port_pin_t, enum e_ioport_level)
- pinsCfg : ssp_err_t (*)(const st_ioport_cfg *)

Press 'Ctrl+Space' to show Template Proposals

Abb. 7.10 Mögliche Optionen für eine Funktion, die mittels des Smart Manuals dargestellt werden

Literatur

1. Berns K, Schürmann B, Trapp M (2010) Eingebettete Systeme, VIEWEG+TEUBNER, Wiesbaden
2. Renesas Synergy Software Package (SSP) User's Manual (2016) v1.2.0-b.1, Rev.0.96., Renesas Electronics
3. Synergy™ Software Package (SSP) Datasheet (2017) v1.2.0, Rev.1.34, Renesas Electronics

Echtzeitbetriebssystem

Die modulare Architektur und die Programmierschnittstellen, die vom BSP und der HAL bereitgestellt werden, vereinfachen die Programmierung und die Interaktion mit der Hardware bereits signifikant. Aber dennoch fehlen noch einige Punkte, um wirklich gute eingebettete Systeme zu programmieren. So müssen Hardwareressourcen wie die verfügbaren Speicher verwaltet werden und die Softwaremodule müssen reibungslos miteinander kooperieren. Auch spielt die zunehmende Komplexität der Anwendungen eine immer wichtigere Rolle, z. B. auf die Codegröße. Und zu guter Letzt müssen die Zeitanforderungen der Anwendung eingehalten werden, im Falle von Echtzeitsystemen auch vollständig deterministisch. Gemäß Umfragen über die Entwicklung von eingebetteten Systemen ist die Echtzeitfähigkeit der Systeme inzwischen die zentrale Anforderung für die meisten Projekte, gefolgt von der digitalen und analogen Signalverarbeitung und der Vernetzung.

Natürlich kann der Code für eine Anwendung mittels des BSP, der HAL oder auch mithilfe von höheren Schichten wie Middleware (Kap. 10) von Grund auf neu geschrieben werden, ohne weitere Unterstützung. Aber mit Sicherheit wird es schwierig, wenn nicht gar unmöglich, so alle Anforderungen des Systems zu erfüllen, insbesondere jegliche Art von Echtzeitanforderungen. Dabei muss man beachten, dass man die Erfüllung der Anforderungen auch nachweisen muss – in jeglichem Zustand des Systems. Von daher wäre eine Unterstützung, um die zeitlichen und ressourcentechnischen Anforderungen erfüllen zu können, sehr sinnvoll und hilfreich.

Diese Unterstützung übernimmt in der Regel ein Betriebssystem bzw. für Systeme mit Echtzeitanforderungen entsprechend ein Echtzeitbetriebssystem (Real-Time Operating System, RTOS). Auch wenn der Einsatz eines RTOS ein gewisses Umdenken in der Programmierung und einen gewissen Aufwand bedeutet, so wiegen die Vorteile eines RTOS diesen Aufwand schnell wieder auf. So nutzen bereits mehr als 2/3 der Projekte mit eingebetteten Systemen ein Echtzeitbetriebssystem. Wenn ein RTOS eingesetzt

© Springer-Verlag GmbH Deutschland, ein Teil von Springer Nature 2019
F. Hüning, *Embedded Systems für IoT*,
https://doi.org/10.1007/978-3-662-57901-5_8

wird, dann wird meistens ein kommerzielles Betriebssystem eingesetzt, keine proprietäre Lösung. Starten wir bei der Einführung in Echtzeitbetriebssysteme mit dem zweiten Teil, dem Betriebssystem.

Wie bereits in den vorigen Kapiteln dargestellt, sind die Ressourcen eines Mikrocontrollers, ebenso wie von allen anderen digitalen Bauteilen) mehr oder weniger limitiert. So weisen die meisten Controller nur eine CPU auf, die den Code abarbeiten kann, so wie bei den Synergy Mikrocontrollern. Es gibt natürlich auch Controller mit mehreren CPUs, wie den RZ/G1H von Renesas, der 4 ARM® Cortex®-A15 und 4 ARM® Cortex®-A7 CPUs aufweist, aber auch für diese Controller ist die Anzahl an CPUs und damit die Rechenleistung begrenzt. Auch ist die interne Speichergröße limitiert und es stehen nur dedizierte Peripheriemodule zur Verfügung. Demnach müssen diese Ressourcen in irgendeiner Art und Weise verwaltet werden. Dies kann ohne ein Betriebssystem funktionieren, aber ein geeignetes Betriebssystem bringt alles mit, was benötigt wird – also warum das nicht nutzen?

Gemäß DIN 44.300 wurde ein Betriebssystem definiert als: „Das Betriebssystem wird gebildet durch die Programme eines digitalen Rechensystems, die zusammen mit den Eigenschaften der Rechenanlage die Grundlage der möglichen Betriebsarten des digitalen Rechensystems bilden und insbesondere die Ausführung von Programmen steuern und überwachen." [1]. Zu gut Deutsch ist ein Betriebssystem ein Bündel von Programmen, die das Anwendungsprogramm im Hinblick auf die Nutzung der Hardware unterstützen:

- Mit der Hardware interagieren
- Die Hardwareressourcen wie CPU und Speicher verwalten und zuteilen
- Anderen Softwareteilen Dienste zur Verfügung stellen
- Die Abarbeitung der Software managen und kontrollieren

Durch diese Aufgaben macht das Betriebssystem die Hardware einfacher für den Anwender nutzbar. Es behält den Überblick über den momentanen Nutzer der Ressource und verwaltet den Zugriff darauf, z. B. welche Task bzw. welcher Thread die CPU nutzen darf, wie in Abb. 8.1 schematisch dargestellt. Mehrere Programmteile bzw. Tasks fordern gleichzeitig die CPU Nutzung an, d. h. sie müsste parallel abgearbeitet werden. Da jeweils nur ein Task die CPU nutzen kann, ist ein echtes Multitasking nicht möglich und die Reihenfolge der Abarbeitung der Tasks muss durch das Betriebssystem gehandhabt werden. Wenn die Nutzung der CPU in geeigneter Art und Weise auf die anstehenden Tasks verteilt wird, so kann das Betriebssystem quasi eine parallele Abarbeitung und damit ein Multitasking vortäuschen. Wie im Beispiel der CPU verwaltet die Hardwareressource, löst Konflikte bei Hardwarezugriffen auf und optimiert die Performance.

Um seine Dienste dem Nutzer zugänglich zu machen stellt das Betriebssystem wieder eine API zur Verfügung und der Anwendungscode kann diese direkt nutzen. Die Schnittstelle zur Hardware stellt wiederum die HAL dar.

Abb. 8.1 Schematische
Darstellung der Schichten
eines Betriebssystems

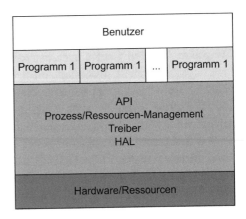

Es gibt eine sehr große Anzahl an unterschiedlichen Betriebssystemen, von denen manche für den Einsatz in eingebetteten Systemen geeignet sind, andere nicht, abhängig von den Eigenschaften des Betriebssystems:

- Passend zur zugrunde liegenden Hardware
- Abstraktion von der Hardware
- Effiziente Nutzung der Hardware
- Eigenbedarf an Hardwareressourcen wie Speicher
- Rechenleistungsbedarf für das Betriebssystem

Wenn man diese Anforderungen an ein Betriebssystem mit den Eigenschaften von Mikrocontrollern korreliert, so wird schnell klar, dass das Betriebssystem zur Hardware passen muss. So passen weit verbreitete Betriebssysteme für PCs wie Windows nicht zu eingebetteten Systemen, da sie zum Beispiel einen riesigen Speicherbedarf haben – einige GB. Mikrocontroller haben dagegen Speichergrößen im MB Bereich – völlig inkompatibel. Daher ist ein kleiner Speicherbedarf eine Grundvoraussetzung für ein Betriebssystem für eingebettete Systeme.

Kommen wir zum ersten Teil von RTOS, der Echtzeit. Was bedeutet Echtzeit, insbesondere für eingebettete Systeme? Nach der Norm ISO/IEC 2382:2015 ist Echtzeit (bzw. Englisch real time) „pertaining to the processing of data by a computer in connection with another process outside the computer according to time requirements imposed by the outside process." [2] bzw. in der Vorgängernorm DIN 44.300: „Unter Echtzeit versteht man den Betrieb eines Rechensystems, bei dem Programme zur Verarbeitung anfallender Daten ständig betriebsbereit sind, derart, dass die Verarbeitungsergebnisse innerhalb einer vorgegebenen Zeitspanne verfügbar sind. Die Daten können je nach Anwendungsfall nach einer zeitlich zufälligen Verteilung oder zu vorherbestimmten Zeitpunkten anfallen."

Der Schlüsselaspekt von Echtzeit in eingebetteten Systemen ist das deterministische Zeitverhalten im Sinne von wohl-definierten Antwortzeiten auf interne oder externe Ereignisse. Generell werden nach einem Ereignis Eingangssignale verarbeitet und Ausgangssignale generiert. Wohl-definiert heißt dann, dass sowohl das funktionale und das zeitliche Verhalten korrekt ist. Eins ohne das andere ist wertlos. Was funktional und zeitlich korrekt genau bedeutet, hängt dabei von der Anwendung ab und kann in verschiedenen Systemen völlig unterschiedlich sein [3].

Was funktionale Korrektheit bedeutet, ist einleuchtend, aber was bedeutet ein korrektes zeitliches Verhalten? Dies bedeutet zunächst einmal nicht zwingend schnell, sondern wird dediziert durch das System definiert. So kann die Antwortzeit des Heizungssystems eines Hauses ziemlich langsam sein – niemand wird es bemerken, ob das System in Millisekunden oder Sekunden auf eine Änderung der Temperaturanforderung reagiert. Von daher kann die Antwortzeit des eingebetteten Systems, das die Heizung steuert, als lang definiert werden – aber eine zeitliche Vorgabe wird es geben, es soll schließlich irgendwann warm werden…. Auf der anderen Seite muss das Notbremssystem eines Autos eine extrem kurze Reaktionszeit haben, die in der Größenordnung von wenigen Millisekunden zwischen der Erkennung eines Hindernisses (Ereignis) bis zur Bremsung (Output) liegen muss. Einige Sekunden wären hier offensichtlich zu viel….

Bleiben wir beim Beispiel des Notbremssystems, da hieran bereits die Grundvoraussetzungen für ein Echtzeitsystem abgeleitet werden können. Das Bremssystem hat strikte Zeitanforderungen an die Reaktionszeit, es muss jeder Zeit verfügbar sein (zumindest während der Fahrt) und die Anwendung läuft auf einem eingebetteten Steuergerät und muss sich die vorhandenen Hardwareressourcen mit anderen Anwendungen teilen. Daher sind die drei grundlegenden Voraussetzungen für Echtzeitsysteme gemäß der Definition:

- Rechtzeitigkeit
- Verfügbarkeit
- Gleichzeitigkeit

Die Rechtzeitigkeit ist die Schlüsseleigenschaft von Echtzeitsystemen und dabei ist das Entscheidend das deterministische Zeitverhalten. Das System reagiert auf Ereignisse und generiert ein Ergebnis oder Ausgangssignal, und die komplette Antwortzeit des Systems muss zu den Anforderungen der Anwendung passen – immer, jederzeit und ohne jegliche Ausnahme. Die Ereignisse, auf die das System reagieren muss, können sowohl intern oder extern sein, und sie können sporadisch, periodisch oder willkürlich auftreten. Je nach Anwendung kann die Antwortzeit absolut (z. B. alle 10 ms) oder relativ (z. B. alle 10 ms nach dem Auftreten eines Ereignisses) sein.

Zudem können unterschiedliche Arten der Rechtzeitigkeit unterschieden werden, s. Abb. 8.2. So kann die Anforderung bestehen, dass das Ergebnis zu einem exakt definierten Zeitpunkt generiert wird. Weit verbreiteter ist die Anforderung, das Ergebnis bis zu einem definierten spätesten Zeitpunkt zu erzeugen – wie beim Notbremssystem, dass

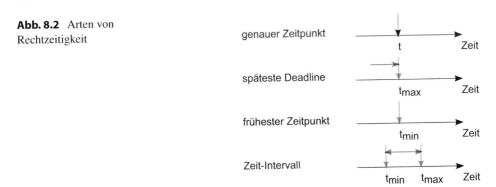

Abb. 8.2 Arten von Rechtzeitigkeit

bis spätestens einige Millisekunden nach der Erkennung des Hindernisses das Ausgangssignal generieren muss.

Da die Anwendung die zeitlichen Anforderungen definiert, die das System erfüllen muss, kann sie auch definieren, wie streng diese eingehalten werden müssen. Eventuell können einige Ausnahmen und Abweichungen von den Zeitanforderungen für manche Anwendungen toleriert werden, für andere wiederum absolut nicht. Daher können zwischen zwei unterschiedlichen Arten von Echtzeit unterscheiden, harte und weiche Echtzeit.

Harte Echtzeit ist genau das, was bislang beschrieben wurde. Anwendungen mit harten Echtzeitbedingungen haben kritische Zeitanforderungen mit festen Zeiten. Das Einhalten der Zeiten ist essenziell und zwingend notwendig und muss für jedes Ereignis ohne Ausnahme garantiert werden [6]. Das Verpassen eines Ereignisses oder die zu späte Antwortgenerierung ist nicht akzeptabel und kann zu einem völligen Versagen des Systems oder der Anwendung führen. Der Wert der generierten Ausgabe hängt also davon ab, wann sie erzeugt wird. Bis zum spätesten Zeitpunkt hat die Ausgabe den vollen Wert, wie in Abb. 8.3 links schematisch dargestellt. Damit ist die Systemantwort korrekt, wenn auch das funktionale Ergebnis korrekt ist. Kommt die Ausgabe erst nach dem spätesten

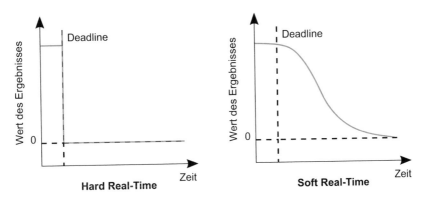

Abb. 8.3 Harte (links) und weiche (rechts) Echtzeit: Wert der generierten Antwort

Zeitpunkt, so ist das Ergebnis völlig wertlos, selbst wenn das funktionale Ergebnis korrekt ist. Das System kann das Ergebnis nicht mehr nutzen und hat nicht wie gefordert funktioniert, da es zu spät reagiert hat. Wie im Beispiel des Notbremssystems: das System muss, in Abhängigkeit von der Entfernung zum Hindernis und von der Fahrzeuggeschwindigkeit, berechnen, ob und wann eine Bremsung vorgenommen werden muss. Wenn die Bremsanforderung berechnet wird und die Zeitgrenze eingehalten wird, bis zu der eine Vollbremsung vor einem Zusammenstoß möglich ist, so funktioniert das System korrekt und der Unfall wird vermieden. Wird die Zeitbegrenzung dagegen nicht eingehalten, so wird zwar noch eine Bremsung ausgelöst, allerdings erfolgt diese zu spät und er kommt zu einem Unfall, wenn auch mit abgemilderten Folgen aufgrund der Bremsung. Dennoch hat das System in diesem Fall nicht korrekt funktioniert.

Anders verhält es sich bei Systemen mit weicher Echtzeit. Das funktionale Verhalten muss natürlich auch wieder korrekt sein, immer und jeder Zeit. Diesmal sind die Zeitbedingungen aber weniger kritisch und eher aufgeweicht. In der Regel sollen die Zeitanforderungen eingehalten werden, aber in gewissem Maße kann es manchmal akzeptiert werden, wenn diese überschritten werden [6]. Auch das komplette Verpassen eines Ereignisses sollte nicht vorkommen, kann aber im Einzelfall toleriert werden. Insgesamt führt keines dieser Fehlverhalten zu einem katastrophalen Ergebnis und Verhalten des Systems. Wie oft das zeitliche Fehlverhalten auftreten darf, hängt von der Anwendung, dem System und dem Nutzer ab. Ein einfaches Beispiel für ein System mit weiche Echtzeit stellt die Tastatur eines PCs dar. Mittels der Tastatur sollen die Zeichen, die eingegeben werden, sofort auf dem Bildschirm erscheinen, z. B. innerhalb von 100 ms nach Betätigung der Taste. Da es sich bei einem PC um ein typisches Multitaskingsystem handelt, bei dem viele Anwendungen und Programme quasi parallel laufen, kann es vorkommen, dass die Übertragung von der Tastatur zum Bildschirm verzögert wird. Wenn sich die Zeit auf 200 ms erhöht, wird das noch nicht auffallen, bei einer Sekunde wird der Nutzer ungeduldig und noch längere Zeiten werden irgendwann inakzeptabel. Aber immerhin kann der Nutzer generell noch arbeiten, wenn auch langsamer.... Dieses Verhalten ist auf der rechten Seite von Abb. 8.3 dargestellt. Bis zum definierten Zeitpunkt (hier die 100 ms) funktioniert das System wie gefordert und die Ausgabe des Systems hat ihren vollen Wert. Nach dem definierten Zeitpunkt wird der Wert kontinuierlich kleiner, hat aber, zumindest für eine gewisse Zeit, noch einen von Null verschiedenen Wert, also noch gültig und das System funktioniert noch eingeschränkt.

Wie wir gesehen haben, müssen Echtzeitsysteme jederzeit die richtige Antwort auf Ereignisse zur richtigen Zeit erzeugen. Das heißt aber darüber hinaus nichts anderes, als dass das System jederzeit verfügbar sein muss, da die Ereignisse jederzeit auftreten können. Eine Unterbrechung des Betriebs des Systems ist unter keinen Umständen erlaubt. So etwas wie der berühmte Bluescreen von Windows darf nicht auftreten. Diese ständige Verfügbarkeit ist die zweite Grundeigenschaft, die Echtzeitsysteme erfüllen müssen. Um diese Verfügbarkeit sicherzustellen müssen einige Maßnahmen für das System getroffen werden, sowohl in der Hard- als auch in der Software.

Hardwaretechnisch braucht das eingebettete System zunächst einmal eine unterbrechungsfreie Stromversorgung, damit die Elektronik überhaupt funktionieren kann. Dann muss der Mikrocontroller immer in einem Betriebszustand sein, in dem er auf die auftretenden Ereignisse in der vorgegebenen Zeit richtig reagieren kann. Dies wird insbesondere dann wichtig, wenn sich der Mikrocontroller in einem Stromsparmodus befindet und nicht mit voller Rechenleistung läuft oder gar partiell abgeschaltet ist. Und die Software, die für die Bearbeitung des Ereignisses zuständig ist, darf nicht durch eine andere Aufgabe, die gerade ausgeführt wird, derart blockiert werden, dass sie ihre Zeitgrenzen nicht einhalten kann. Ein Verhalten wie bei Windows-Systemen zu beobachten, dass der Prozessor durch andere Aufgaben blockiert ist oder dass Updates im laufenden Betrieb installiert werden, ist für Echtzeitsysteme absolut inakzeptabel.

Der oben erwähnte Punkt, dass sich zeitkritische Aufgaben nicht gegenseitig blockieren dürfen, spielt schon in die Voraussetzung der Gleichzeitigkeit rein. Dabei bedeutet Gleichzeitigkeit oder Multitasking nichts anderes, dass mehrere Aufgaben oder Tasks parallel laufen sollen. Wirkliches Multitasking bei begrenzten Recheneinheiten – das scheitert in der Realität schon beim Menschen. Wenn Menschen mehrere Aufgaben parallel bearbeiten, dann nutzen sie ihr Gehirn derart, dass es jeweils eine Aufgabe bearbeitet und dann, mehr oder weniger schnell und häufig, zwischen den zu bearbeitenden Aufgaben hin und her springt. Aber zu jedem Zeitpunkt ist nur eine Aufgabe in Bearbeitung. Wenn der Wechsel der Aufgaben sehr schnell und reibungslos vonstatten geht, dann sieht es so aus, als würden die Aufgaben parallel laufen, auch wenn sie nur quasi-parallel laufen und sequenziell und verschachtelt bearbeitet werden. Das Gleiche gilt auch für Echtzeitsysteme und ihre digitalen Recheneinheiten, zumindest so lange, wie die Anzahl der CPUs kleiner ist als die Zahl der parallel abzuarbeitenden Aufgaben – was in der Regel der Fall ist.

Echtzeitsysteme müssen meist mehrere Tasks bzw. Threads gleichzeitig bearbeiten und jede dieser Threads hat seine eigene Zeitbeschränkung für die Abarbeitung. Die Zeitanforderungen für jeden einzelnen Thread müssen eingehalten werden, unabhängig davon, wie viele andere Threads parallel bearbeitet werden müssen. Da eine echte Parallelisierung aller Threads auf einer bzw. wenigen CPUs nicht möglich ist müssen sie, wie beim Menschen, quasi-parallel bearbeitet werden. D.h. beim korrekten Multitasking werden die Threads derart sequenziell hintereinander und verschachtelt ausgeführt, dass alle Zeitbedingungen eingehalten werden. Dafür ist es zwingend notwendig, dass die Threads nach der Wichtigkeit bzw. ihren Zeitanforderungen priorisiert und geeignet auf die CPU verteilt werden. Damit muss in jedem Augenblick entschieden werden, ob der aktuell laufende Thread unterbrochen werden und welchem Thread die CPU gemäß der Priorisierung zugeteilt werden muss. Die Ablaufplanung der Threads stellt somit eine zentrale Rolle für jedes Echtzeitsystem und Echtzeitbetriebssystem dar. Da bei Echtzeitsystemen in der Regel ein Interrupt als Trigger für einen Thread eingesetzt wird, ist die Verzögerung zwischen dem Auftreten des Interrupts bis zum Ende der Abarbeitung des Threads, die sogenannte Reaktionszeit, entscheidend. Dabei setzt sich die Reaktionszeit aus drei Anteilen zusammen:

- Latenzzeit: Zeit vom Auftreten eines Ereignisses bis zum Start der Behandlungsroutine (z. B. ISR)
- Ausführungszeit: reine Bearbeitungszeit der Behandlungsroutine
- Unterbrechungszeit: Zeit, die die Behandlungsroutine selber unterbrochen wird, z. B. durch eine ISR mit höherer Priorität

Ein RTOS ist dann im Endeffekt ein Betriebssystem, das zusätzliche Funktionalitäten für einen Echtzeitbetrieb ausweist (Abb. 8.4):

- Deterministisches Zeitverhalten
- Schnelle Abarbeitung (wobei schnell relativ ist…)
- Kurze Latenzzeiten
- Große Anzahl an internen und externen Ereignissen
- Geringer Speicherbedarf wegen begrenzter Ressourcen wie CPU und Speicher
- Kleiner Overhead, z. B. für Kontextwechsel der CPU
- Zuverlässigkeit
- Kontrolle und Ablaufplanung für viele konkurrierende Threads
- Priorisierung von Threads

Ein Blick auf die Echtzeitfunktionalitäten eines RTOS macht schnell klar, warum ein Betriebssystem wie Windows ungeeignet ist für Echtzeitsysteme. Neben dem riesigen Speicherbedarf hat es viel zu viele Funktionen, die für eingebettete Anwendungen nicht benötigt werden und der daraus resultierende Rechenleistungs- und Speicherbedarf passt nicht zu den begrenzten Ressourcen. Zudem ist es grundsätzlich nicht für funktionskritische Echtzeitanwendungen entwickelt und erfüllt nicht alle drei Voraussetzungen für Echtzeitsysteme, Rechtzeitigkeit, Verfügbarkeit und Gleichzeitigkeit. Die Gleichzeitigkeit wird zwar durch das Multitasking gewährleistet, aber dabei gibt es kein deterministisches Zeitverhalten, sondern die Bearbeitungszeit von Threads kann durch andere Aufgaben derart verzögert werden, dass eine Vorhersage über das Ende der Bearbeitung unmöglich ist. Damit ist natürlich direkt die Rechtzeitigkeit nicht mehr gegeben, zumindest nicht immer und unter allen Umständen. Zu guter Letzt ist das System nicht immer verfügbar,

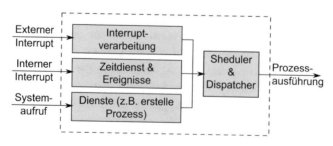

Abb. 8.4 Schematische Darstellung eines RTOS

da es zu Fehlverhalten, (Bluescreen), Neustartanforderungen oder Zwangsupdates des Betriebssystems kommen kann („Updates werden installiert…").

Die Theorien und Konzepte von RTOS sind vielfältig und es gibt zahlreiche exzellente Bücher und Veröffentlichungen darüber, daher sollen im Folgenden nur einige grundlegende Konzepte vorgestellt werden [4–6].

Das zentrale Element eines RTOS ist der Kernel, der zum einen die Interaktion mit der Hardware kontrolliert. Zum anderen stellt er Funktionalitäten für eingebettete Anwendungen zur Verfügung, wie die Interrupt- und Ereignisbearbeitung, das Thread- und Timermanagement oder Kommunikation. Es ist das erste Programmteil, das beim Start des Controllers in den Speicher geladen wird. Um der begrenzten Speichergröße Rechnung zu tragen ist die Codegröße so klein wie möglich.

Eine der Hauptaufgaben eines RTOS ist das Management der unterschiedlichen Threads und Tasks der Software. Die Definition der Begriffe Thread und Task ist nicht immer ganz klar und eindeutig und beide Ausdrücke werden teilweise als Synonym füreinander verwendet. Um mit den Bezeichnungen des Echtzeitbetriebssystems ThreadX® übereinzustimmen, das als RTOS für die Synergy Mikrocontroller verwendet wird, wird im Folgenden die Nomenklatur von ThreadX® verwendet, die die beiden Begriffe klar unterscheidet und trennt.

Ein Programm muss generell mehrere Aufgaben oder Tasks parallel bearbeiten. Ein Thread ist ein halb-unabhängiger Teil des Programms und die kleinste Abfolge von Befehlen, die unabhängig von einem Scheduler verwaltet werden kann. Im Allgemeinen hat jede Anwendung einen separaten Thread für jede individuelle Aktivität, sodass auch die Threads parallel bearbeitet werden müssen. Dabei teilen sie sich den gleichen Speicherbereich. Alle Threads zusammengenommen bilden dann das Programm. Da die Threads unterschiedlich wichtig sind, müssen sie durch geeignete Maßnahmen priorisiert werden können. Je höher die Wichtigkeit, desto größer die Priorität. Um die geforderte Gleichzeitigkeit bei der Bearbeitung der Threads realisieren zu können, wird ein Scheduler benötigt, um die Hardwareressourcen wie die CPU einem Thread mit definierter Priorität zuzuweisen. Wie dieses Scheduling durchgeführt wird, hängt von der Architektur des RTOS ab.

Um ein Multitasking und Scheduling von Threads überhaupt zu ermöglichen, können die Threads in verschiedenen Zuständen wie Running oder Suspended sein. Jeder Thread ist immer in einem dieser Zustände und nur ein Thread wird jeweils gerade ausgeführt. Zwischen den Zuständen gibt es zugehörige Zustandsübergänge, damit Threads bei Bedarf in einen anderen Zustand wechseln können. Bei ThreadX® gibt es fünf Zustände mit definierten Zustandsänderungen (Abb. 8.5 und Tab. 8.1). Maximal ein Thread kann auf der CPU (Executing-State) laufen. Wenn ein Thread mit höherer Priorität in den Ready-Zustand wechselt, wird die Ausführung des laufenden Threads unterbrochen (Abb. 8.6). Der unterbrechende Thread kehrt in den Ready-Zustand zurück, der neue Thread mit höherer Priorität wechselt in den Executing-Zustand und wird ausgeführt. Nachdem dieser Thread beendet wurde, wird die Ausführung des unterbrochenen Threads im Executing-Zustand fortgesetzt [4].

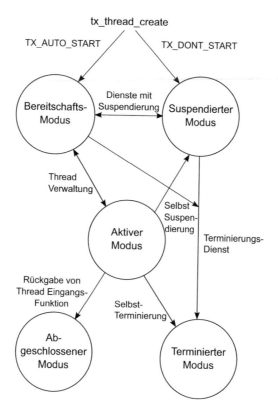

Abb. 8.5 Zustände und Zustandsübergänge von Threads beim RTOS ThreadX® [4]

Tab. 8.1 Zustände von ThreadX® [4]

Zustand	Eigenschaften
Ready	– Thread ist zur Ausführung bereit – Übergang in Executing-Zustand sobald der Thread die höchste Priorität aller Threads hat, die sich auch im Ready-Zustand befinden – Rückkehr in Ready-Zustand aus dem Executing-Zustand bei Auftreten eines höher-prioren Threads
Suspended	– Thread kann nicht ausgeführt warden – Thread wartet auf Semaphore, Mutex, Zeit, …
Executing	– Thread läuft auf der CPU – Immer nur ein Thread im Executing-Zustand – Thread kontrolliert der Controller
Terminated	– Thread hat sich selbst beendet oder wurde durch anderen Thread beendet – Thread muss vor der nächsten Ausführung zurückgesetzt werden
Completed	– Thread vollständig abgeschlossen – Thread muss vor der nächsten Ausführung zurückgesetzt werden

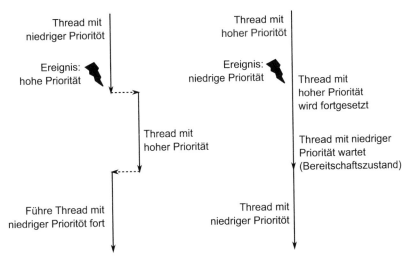

Abb. 8.6 Unterbrechung einer Thread-Ausführung durch höher-prioren Thread

Um auf interne und externe Ereignisse reagieren zu können nutzen Mikrocontroller Interrupts. Wie in Kap. 3 bereits dargestellt sind Interrupts Hardware- oder Software-signale die anzeigen, das ein zugehöriges Ereignis aufgetreten ist. Ereignisse können dabei Signaländerungen auf einem Pin sein oder durch Timer oder die Software aus-gelöst werden. Die notwendigen Aktionen für die Reaktion auf einen Interrupt werden in einer Interrupt Service Routine (ISR) abgearbeitet. Dabei ist jede ISR einem Interrupt zugeordnet und beinhaltet den Code, um die notwendigen Aktionen durchzuführen. Alle Interrupt Service Routinen werden in einem dedizierten Speicherbereich abgelegt, wobei die Startadresse einer ISR in einem Interrupt-Vektor hinterlegt ist. Tritt ein Interrupt auf, kann so die Startadresse des ISR aus dem zugeordneten Interrupt-Vektor verwendet werden. Im Zusammenhang mit Echtzeitsystemen kann das RTOS diese Interrupts ver-wenden, um die Nutzung der CPU zu kontrollieren und zu verwalten.

Da Interrupts grundsätzlich asynchron auftreten können, können sie auch gleich-zeitig oder während der Abarbeitung eines anderen Interrupts oder Threads auftreten (s. Abschn. 3.1). Daher muss sichergestellt werden, dass jeder auftretende Interrupt behandelt wird, und dass auf die unterschiedliche Wichtigkeit von Interrupts reagiert werden kann. Tritt ein Interrupt während der Ausführung eines normalen Threads aus, so wird der Thread angehalten und die ISR ausgeführt.

Die Wichtigkeit von Interrupts kann, analog zu dem Verfahren bei Threads, durch Priorisierung gesteuert werden, um die Reihenfolge der Abarbeitung zu definieren. In Abb. 8.7 sind die Möglichkeiten dargestellt, wie ein Mikrocontroller auf parallel auf-tretende Interrupts mit unterschiedlichen Prioritäten reagieren kann. Im linken Teil der Abbildung unterbricht ein erster Interrupt den laufenden Thread und die zugehörige ISR wird ausgeführt. Währenddessen tritt ein zweiter Interrupt auf, der eine niedrigere

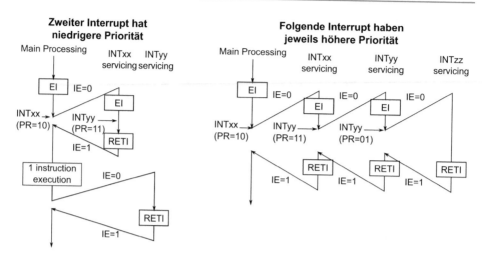

Abb. 8.7 Priorisierung von Interrupts

Priorität hat als der Erste. Damit wird die erste ISR nicht unterbrochen und der erste Interrupt wird zu Ende bearbeitet. Wenn er abgeschlossen ist, dann wird der zweite Interrupt bearbeitet und die zweite IST ausgeführt.

Anders sieht es aus, wenn der unterbrechende Interrupt eine höhere Priorität hat, wie in Abb. 8.7 rechts dargestellt. Während die erste ISR läuft tritt diesmal ein zweiter Interrupt auf, diesmal mit einer höheren Priorität. Dementsprechend wird die erste ISR unterbrochen und die ISR des zweiten Interrupts ausgeführt. Tritt dann noch ein dritter Interrupt auf, der diesmal eine höhere Priorität hat als der zweite, so wird die Abarbeitung wieder unterbrochen und die dritte ISR wird ausgeführt. Ist diese beendet, wird die zweite ISR fortgesetzt und anschließend erst die erste ISR.

Solange die Priorisierung der Interrupts sorgfältig gewählt wird ist dieser Mechanismus sehr gut für Echtzeitanwendungen geeignet, da die Reihenfolge der Bearbeitung durch die Priorisierung bestimmt wird und an die Zeitvorgaben der ISRs angepasst werden kann.

Es gibt eine Vielzahl an unterschiedlichen Scheduling-Algorithmen für RTOS, wie Polling, das Rundlaufverfahren (round robin) oder das Prinzip der nächsten Deadline (EDF, Earliest Deadline First). Die Methode, die Zuteilung der CPU über die Priorisierung von Threads und Interrupts zu steuern, wird präemptive Scheduling genannt. Sie kann schnell und deterministisch auf Ereignisse reagieren und dabei die Wichtigkeit der Ereignisse durch die Priorisierung berücksichtigen. Somit erfüllt es, wenn es richtig angewendet wird, die drei Grundvoraussetzungen für Echtzeitsysteme, Rechtzeitigkeit, Verfügbarkeit und Gleichzeitigkeit.

Grundlegende Eigenschaften des präemptive Scheduling sind:

- Ein laufender Thread/ISR kann durch einen höher prioren Thread/ISR unterbrochen und suspended werden
- Der aktuelle Status des unterbrochenen Threads/ISR wird gespeichert (context switch)
- Fortsetzung des unterbrochenen Threads/ISR nach Beendigung des unterbrechenden Threads/ISR

Ein einfaches Beispiel für das präemptive Scheduling und die Notwendigkeit der richtigen Priorisierung ist in Abb. 8.8 dargestellt. Sie sind zu Hause und machen gerade nichts Besonderes. Es gibt drei Ereignisse, die Sie aus Ihrer Inaktivität wecken können und die völlig asynchron und unabhängig voneinander auftreten können: die Türschelle, ein Einbruchsalarm und ein Feueralarm. Je nach Ereignis führen Sie anschließend eine passende Aktion (Ihre ISR) aus. Offensichtlich ist, dass die drei Ereignisse unterschiedliche Wichtigkeiten haben. Die Türschelle hat die Niedrigste und der Feueralarm die Höchste (wenn Sie das anders, sehen, setzen Sie einfach andere Prioritäten…). Dementsprechend sind auch die Zeitanforderungen der Ereignisse unterschiedlich, auf ein Feuer sollte sehr schnell reagiert werden, die Türschelle kann auch warten. Ohne die Möglichkeit, die Ereignisse nach ihrer Wichtigkeit zu bearbeiten, droht ein Totalverlust Ihres Hauses durch das Feuer. Wenn Sie gerade die Tür öffnen und mit dem Besuch reden und darüber den gleichzeitig auftretenden Feueralarm verpassen und ignorieren, bis der Besuch wieder weg ist, ist es wahrscheinlich zu spät… [5].

Das sieht anders aus, wenn Sie Unterbrechungen Ihrer Aktivitäten durch wichtigere Ereignisse zulassen. Es schellt an der Tür, und während sie an der Tür sind geht der Einbruchsalarm. Da dieser wichtiger ist, suchen Sie erst mal den Einbrecher und lassen den Besucher vor der Tür stehen (und Sie merken Sich, worüber Sie gerade gesprochen haben). Während der Suche bricht ein Feuer aus, Sie reagieren auf den Alarm indem Sie die Suche unterbrechen und das Feuer löschen. Anschließend setzen Sie die Suche

Abb. 8.8 Präemptives Scheduling mit drei Interruptquellen und Priorisierung

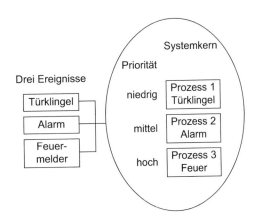

nach dem Einbrecher fort, und wenn dieser vertrieben ist wenden Sie Sich wieder dem Besucher zu und setzen das Gespräch an der Stelle fort, an der Sie unterbrochen wurden.

Das Konzept des präemptiven Scheduling bietet dem Anwender viele Vorteile. Threads und Interrupts können priorisiert werden und die Reaktionszeit auf Ereignisse ist sehr kurz. Das Verhalten des Systems ist streng deterministisch und der Scheduler des RTOS steuert, welcher Thread bzw. ISR wann ausgeführt wird. Daher muss sich der Entwickler nicht mehr um das Scheduling kümmern, nur um eine sinnvolle Priorisierung der verwendeten Threads und ISRs. Somit können die Threads und ISR vollständig unabhängig voneinander entwickelt werden. Die maximalen Reaktionszeiten der Threads und ISR können dann mittels mathematischer Methoden wie dem Deadline Monotonic Analysis (DMA) berechnet werden [7]. Die DMA beruht auf festen Prioritäten und weist allen Threads/ISR eine minimale Wiederholrate zu (auch bei asynchronen Ereignissen). Dann kann mittels einer rekursiven Berechnung und einigen Vereinfachungen die Reaktionszeit jedes Threads/ISR mit guter Näherung bestimmt werden und so beurteilt werden, ob alle Aufgaben innerhalb der jeweiligen Deadline bearbeitet werden. Die grafische Darstellung der zeitlichen Berechnung beim präemptiven Scheduling findet sich in Abb. 8.9. Darin werden 5 ISR mit den angegebenen Wiederholraten und Ausführungszeiten abgearbeitet, wobei alle ISR zum Startzeitpunkt durch das zugehörige Ereignis getriggert werden. Zu erkennen ist, dass i1 mit der höchsten Priorität sofort nach seinem Ereignis abgearbeitet wird und die Reaktionszeit nur seiner eigenen Ausführungszeit entspricht. ISR i2 muss dagegen beim gleichzeitigen Auftreten mit i1 (z. B. beim Startzeitpunkt) auf die Beendigung von i1 warten und benötigt demnach im schlimmsten Fall als Reaktionszeit die eigene Bearbeitungszeit und die von i1. Allgemein können die ISR durch höher priorisierte ISR verzögert bzw. unterbrochen werden, wodurch sich die Reaktionszeit entsprechend verlängert. Sehr deutlich wird das bei der ISR mit niedrigster Priorität. Die Bearbeitungszeit beträgt 5 ms, aber durch die

ISR	Minimale Wiederholrate	Ausführungszeit
i1	10ms (100Hz)	0,5ms
i2	3ms (333Hz)	0,5ms
i3	6ms (166Hz)	0,75ms
i4	14ms (71Hz)	1,25ms
i5	14ms (71Hz)	5ms

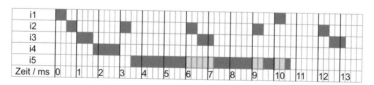

Abb. 8.9 Grafische Analyse der Reaktionszeit von 5 ISR mittels DMA

Verzögerungen zu Beginn (Latenzzeit 3.5 ms) sowie die Unterbrechungen (je einmal durch i1 und i23, zweimal durch i2) verlängert sich die Reaktionszeit auf 10.75 ms.

Aber es gibt auch einige Punkte, die beim präemptiven Scheduling berücksichtig werden müssen.

In den meisten Anwendungen müssen Threads oder ISR miteinander kommunizieren und Daten austauschen. Dies kann über gemeinsam genutzte Speicherbereiche oder über Messages geschehen. So kann ein Thread Daten über eine Message Queue explizit an einen anderen Thread schicken, wobei die Message Queue als FIFO (First In, First Out) aufgebaut ist (Abb. 8.10). Für den Datenaustausch über gemeinsam genutzte Ressourcen wird ausgenutzt, dass viele Ressourcen vielfach nutzbar sind, aber oft nur von einem Thread zu jedem Zeitpunkt. Über gemeinsam genutzte Speicherbereiche können so komplexe und große Datenmengen schnell ausgetauscht werden, indem ein Thread Daten in den Bereich schreibt, die von einem anderen Thread gelesen werden können [4].

Ein wichtiger Punkt ist die Synchronisierung der Threads und ISRs im Hinblick auf den Zugriff auf geteilte Ressourcen wie den Speicher. So kann es sein, dass ein Thread/ISR für seine korrekte Funktionalität einen exklusiven Zugriff auf den Speicher benötigt. Selbst für den Fall, dass seine Abarbeitung durch einen höher priorisierten Thread unterbrochen wird, so muss der Zugriff auf den Speicherbereich, den der erste Thread exklusiv benötigt, durch den unterbrechenden Thread verhindert werden, um eine Fehlfunktion zu vermeiden.

In einem einfachen Beispiel greifen zwei Threads auf den gleichen Speicherbreich zu, jeweils lesend und anschließend schreibend. Offensichtlich sollten die beiden Threads nicht gleichzeitig oder verschachtelt auf den Speicher zugreifen, da es ansonsten zu fehlerhaftem Verhalten kommen kann. Daher muss der zuerst aktive Thread den Zugriff für andere Threads sperren und somit für sich exklusiv erhalten. Wenn der erste Thread den Speicherbereich sperrt und durch den zweiten, höher priorisierten Thread unterbrochen wird, so beginnt zunächst ganz normal die Abarbeitung des zweiten Threads. Sobald der zweite Thread allerdings auf den gesperrten Speicherbereich zugreifen will, wird der Zugriff blockiert. Der zweite Thread muss dann die Abarbeitung seinerseits unterbrechen und die CPU wiederum dem Ersten überlassen, solange, bis er die Sperrung des Speichers aufhebt. Diese Art des Sperrens oder Reservierens einer geteilten Ressource wird mutual exclusion oder kurz Mutex genannt (Abb. 8.11).

Das Konzept des Mutex, bei dem der Zugriff nur für einen Thread erlaubt wird, kann durch das Konzept des Semaphors verallgemeinert werden. Ein Semaphor ist ein Signalisierungsmechanismus, der die Anzahl an gleichzeitigen Nutzern einer geteilten Ressource auf einen Maximalwert begrenzt. Threads können die Nutzung der Ressource anfordern und damit den Wert des Semaphors erniedrigen und nach Beendigung die Ressource wieder freigeben, indem sie den Wert des Semaphors wieder erniedrigen.

Abb. 8.10 Message Queue zum Datenaustausch zwischen Threads

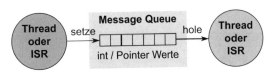

Abb. 8.11 Darstellung
eine Mutex (oben) und eines
Semaphors (unten)

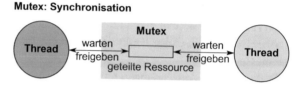

Mutex: Synchronisation

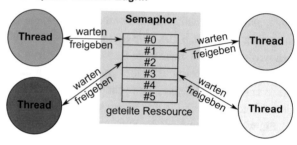

Semaphor: Geteilter Zugriff

Wenn das Semaphor Null ist, so kann keine weitere Ressource Zugriff bekommen. Betriebssysteme wie ThreadX® stellen in der Regel beide Mechanismen für die Zugriffs-kontroller auf geteilte Ressourcen zur Verfügung [4].

Ein weiteres Problem mit dem präemptiven Scheduling, das Thread Starvation, rührt daher, dass Threads mit einer niedrigen Priorität nicht mehr ausgeführt werden kön-nen, wenn höher priorisierte Threads die CPU Nutzung blockieren. Das Verhungern der Threads muss durch eine sorgfältige Anwendungsentwicklung unter Berücksichtigung der Threads mit den jeweiligen Prioritäten, Ausführungsdauern und Wiederholraten erfolgen [4] (Abb. 8.12).

Abb. 8.12 Nicht-Ausführung
eines Threads mit niedriger
Priorität

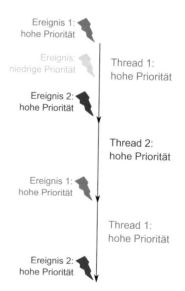

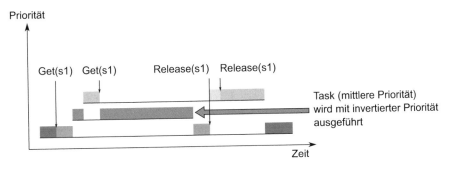

Abb. 8.13 Priority Inversion bei drei Threads

Ein weiteres Problem mit geteilten Ressourcen kann in der Priority Inversion bestehen. Dabei handelt es sich um ein nicht-deterministisches Zeitverhalten (was wirklich sehr schlecht für ein deterministisches Echtzeitsystem ist) und beschreibt die Situation, dass ein Thread mit niedriger Priorität früher beendet wird als ein höher priorisierter Thread. Die Situation ist beispielhaft in Abb. 8.13 dargestellt, in der drei Threads mit unterschiedlichen Prioritäten (niedrig (L), mittel (M) und hoch (H)) bearbeitet werden sollen. Dabei teilen sich die Threads L und H eine gemeinsame Ressource und nutzen einen Mutex, um den exklusiven Zugriff zu steuern. Thread M greift nicht auf diese Ressource zu. Da H und M keine gemeinsame Ressource teilen, muss Thread H immer vor thread M beendet werden, da er die höhere Priorität hat. Als erstes startet Thread L seine Abarbeitung, da Thread M und L noch nicht gestartet wurden. Thread L greift auf die mit Thread H geteilte Ressource zu und schützt diese mit einem Mutex. Währenddessen unterbricht Thread H den laufenden Thread L, bevor dieser die Ressource wieder frei gegeben hat. Thread H läuft, bis er auf die geschützte Ressource zugreifen will. Er wird dadurch angehalten und gibt die Bearbeitung durch Thread L wieder frei. Dann unterbricht Thread M Thread L und arbeitet seine Aufgabe komplett ab, da er nicht durch die geteilte Ressource blockiert wird. Nach Beendigung von Thread M setzt Thread L seine Abarbeitung fort, bis er den Mutex aufhebt. Jetzt kann Thread H seine Aufgabe beenden und anschließend auch Thread L. Aber im Endeffekt wurde Thread M vor Thread H beendet, obwohl Letzterer die höhere Priorität hat – die Priorität der beiden Threads wurde durch diesen Fehlerfall quasi invertiert. Das kann in einem Echtzeitsystem fatale Konsequenzen haben und muss unbedingt vermieden werden. Dies kann durch sorgfältige Konfiguration der Prioritäten oder durch Methoden erfolgen, die das RTOS zur Verfügung stellt, z. B. einer Mindestpriorität für das präemptive Unterbrechen (preemption-threshold) oder der Vererbung von Prioritäten (preemption inheritance) [4].

Ebenso kann es bei der Verwendung von Synchronisierungsmechanismen wie einem Semaphore zu Deadlocks kommen. Bei einem Deadlock warten zwei Threads auf unbestimmte Zeit auf die Freigabe einer Semaphor durch den jeweils anderen Thread (Abb. 8.14), sie blockieren sich gegenseitig [4].

Abb. 8.14 Deadlock durch
zwei Threads, die gegenseitig
auf die Freigabe eines
Semaphors warten

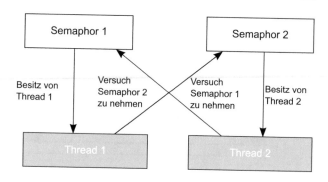

8.1   Synergy RTOS

Da der Einsatz eines Echtzeitbetriebssystems für eingebettete Systeme sehr verbreitet
ist, ist ein RTOS direkt im Renesas Synergy Software Package integriert. ThreadX®
von Express Logic ist ein multitasking RTOS für eingebettete Systeme mit Echtzeitanforderungen, insbesondere für IoT Anwendungen [4]. Durch den weitereen Einsatz in
mehr als 5 Mrd. Systemen weltweit ist es für jeglichen Einsatz in Industrie-, Medizin- oder
Konsumeranwendungen geeignet. Das RTOS ist MISRA-C:2004 und MISRA-C:2012
konform und stellt eine einfach zu nutzende API für den Anwender zur Verfügung. Aufgrund der integrierten Scheduling-Algorithmen und dem effizienten Multitasking erfüllt es
alle Anforderungen für Echtzeitsysteme, insbesondere das deterministische Verhalten. Die
Algorithmen umfassen u. a. das Rundlaufverfahren und unterschiedliche präemptive Verfahren wie das prioritätsbasierte Verfahren. Um schnell auf Ereignisse reagieren zu können
ist die Reaktionszeit sehr kurz und das Context Switching sehr schnell. Somit unterstützt
ThreadX® alle Eigenschaften, um Echtzeitanwendungen zu realisieren (Abb. 8.15). Neben
dem deterministischen Zeitverhalten ist dabei auch die Ausführungsgeschwindigkeit wichtig, die durch ThreadX® auch gewährleistet wird. Die schnellen Reaktionszeiten werden in
den Zeiten deutlich, die ThreadX® für typische Aufgaben wie einen Context Switch oder
das Reagieren auf einen Interrupt benötigt (Tab. 8.2).

Die Verwaltung der begrenzten Hardware-Ressourcen des Controllers wird effizient,
schnell und zuverlässig durchgeführt:

- Unterschiedliche Speicherverwaltungsmethoden
- Applikationstimer
- Synchronisation von Threads
- Semaphore, Mutex und Methoden wie Priority Inheritance
- Ereignis-Flags
- Message Queues

Aufgrund seiner speziellen Architektur benötigt ThreadX® nur einen kleinen Speicherbereich. Dabei werden nur die benötigten Dienste tatsächlich in den finalen Code

Abb. 8.15 Features von
ThreadX

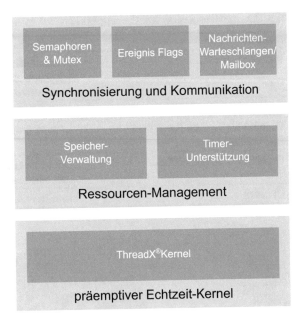

Tab. 8.2 ThreadX®
Bearbeitungszeiten bei
200 MHz Taktfrequenz [8]

Thread Suspend	0.6 μs
Thread Resume	0.6 μs
Queue Send	0.3 μs
Queue Receive	0.3 μs
Get Semaphore	0.2 μs
Put Semaphore	0.2 μs
Context Switch	0.4 μs
Interrupt Response	Maximal 0.6 μs

eingebunden, um den Speicherbedarf so klein wie möglich zu halten. Zu guter Letzt ist ThreadX® schon vorzertifiziert für viele Standards, wie in Tab. 8.3 aufgeführt.

Die Nutzung von ThreadX® mit e²studio ist ziemlich einfach, da es bereits ein integraler Teil des SSP ist und direkt in e²studio ohne weiteren Aufwand verfügbar ist. Wie die anderen Konfigurationen in e²studio wird auch die Konfiguration eines Threads und der damit verbundenen Treiber und Module grafisch durchgeführt – intuitiv, zuverlässig und schnell. Dies wird im Praxisprojekt ausführlich beschrieben und dann selber durchgeführt, nichtsdestotrotz lohnt ein Blick auf die Vorgehensweise anhand eines einfachen Beispiels, der Konfiguration des Tasters SW4 des S7G2 Starter Kits, um eine LED ein- und auszuschalten. Dazu soll ein Interrupt generiert werden, wenn SW4, der an Pin P006 angeschlossen ist, gedrückt wird.

Abb. 8.16 zeigt die Configuration Perspective von e²studio mit aktivem Thread-Tab. In dem kleinen Threads-Fenster werden alle Threads aufgeführt. Ein neuer Thread kann durch Anklicken des kleinen grünen Pulszeichens im Thread-Fenster hinzugefügt

Tab. 8.3 Zertifizierungen von ThreadX® [8]

Standard	Beschreibung und Anwendungsgebiet
IEC 61508 bis SIL 4	Funktionale Sicherheit sicherheitsbezogener elektrischer/elektronischer/programmierbarer elektronischer Systeme
IEC 62304 bis zur SW Sicherheitsklasse C	Software für medizinische Geräte
UL 60730–1 H, CSA E60730-1 H, IEC 60730–1 H	Automatische elektrische Regel- und Steuergeräte
UL 60335–1 R, IEC 60335–1 R	Sicherheit elektrischer Geräte für den Hausgebrauch und ähnliche Zwecke
UL 1998	Software in programmierbaren Komponenten

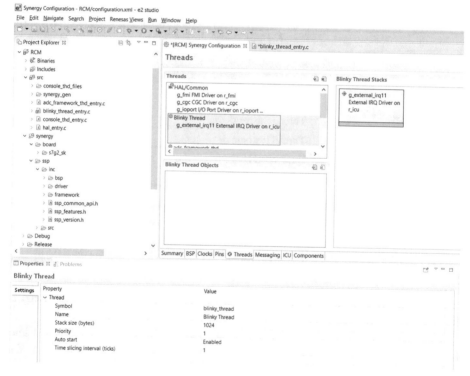

Abb. 8.16 Thread-Tab in Configuration Perspective von e²studio

werden. Die Eigenschaften des Threads werden in dem Property-Fenster unten links dargestellt. Im Treiber des Threads werden in dem Fenster neben dem Threads-Fenster angezeigt. In diesem Beispiel ist das der External IRQ Driver on r_icu, der dazu verwendet wird, eine fallende Flanke auf Pin P006 zu erkennen und zu signalisieren.

Die Eigenschaften des Treibers werden im Property-Fenster angezeigt sobald der Treiber durch Anklicken selektiert wurde (Abb. 8.17). Hier können alle Einstellungen

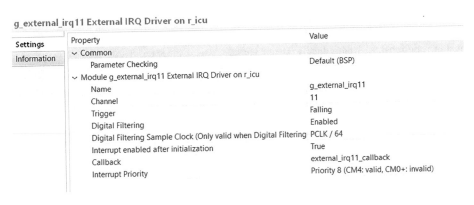

Abb. 8.17 Eigenschaften des External IRQ Treibers

gemäß den Anforderungen der Anwendung vorgenommen werden. In unserem Beispiel verbinden wir den Taster SW4 mit dem IRQ11 und nutzen die fallende Flanke an dem Pin, um einen Interrupt zu generieren. Um ein Prellen bei der Betätigung des Tasters zu vermeiden, wird ein digitales Filter aktiviert. Als Priorität für den Interrupt wird ein mittlerer Level eingestellt und eine zugehörige Interrupt Service Routine zugewiesen.

Der letzte Schritt der Konfiguration ist die Zuordnung des Pins P006 zu dem Interrupt IRQ11, die in dem Pin-Konfigurationstab vorgenommen werden kann, wie in Abb. 8.18 dargestellt. Der Code wird anschließend wie gewohnt über „Generate Project Content" automatisch generiert.

Der Einsatz eines Echtzeitbetriebssystems vereinfacht die Entwicklung von eingebetteten Echtzeitsystemen erheblich und macht diese wesentlich zuverlässiger und deterministischer

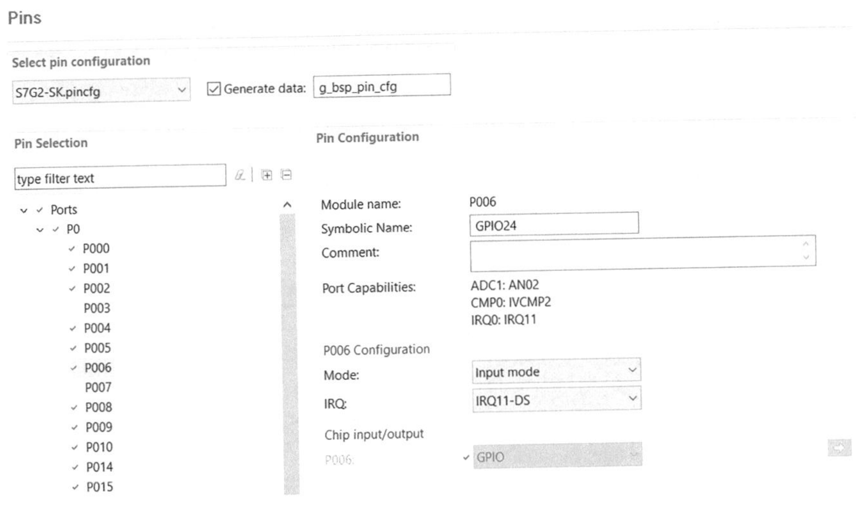

Abb. 8.18 Zuordnung von P006 zum IRQ11 im Pin-Konfigurationstab

als Systeme ohne RTOS. Aber natürlich muss auch ein solches System intensiv getestet wer-
den, insbesondere auch im Hinblick auf das zeitliche Verhalten (s. auch Kap. 12). Um das
Testen möglichst zu unterstützen ist der Einsatz von geeigneten Tools sehr zu empfehlen.
Express Logic bietet dazu ein PC-basiertes Tool, TraceX®, an, das nahtlos in das Renesas
SSP integriert ist. TraceX® stellt viele Features zur Verfügung um Echtzeitsysteme zu ana-
lysieren und optimieren, die Standard-Debugger nicht aufweisen [9]:

- Grafische Darstellung von Echtzeitereignissen wie Interrupts, Context-Switches und
  Semaphoren
- Problemanalyse
- System-Optimierung im Hinblick auf Leistungsfähigkeit und Effizienz

Die grafische Darstellung kann dazu genutzt werden, die Reihenfolge der Abarbeitung von
Threads zu überprüfen, Delta-Ticks zwischen Ereignissen oder die Nutzung des Stacks
zu analysieren und Probleme der Echtzeitalgorithmen wie eine Priority Inversion zu finden. Ebenso kann die Leistungsfähigkeit des Systems untersucht werden. Darüber hinaus
kann TraceX® Statistiken für Middleware von Express Logic wie NetX™ oder FileX®
erzeugen, falls diese in der Anwendung eingesetzt werden. TraceX® ist Teil der Renesas
Synergy Plattform und steht zum Download von der Synergy Gallery bereit (Abb. 8.19).

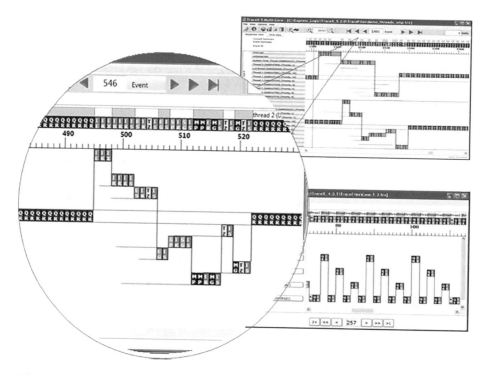

Abb. 8.19 Screenshot von TraceX

Literatur

1. DIN 44300-1:1988-11
2. ISO/IEC 2382:2015-05
3. Berns K, Schürmann B, Trapp M (2010) Eingebettete Systeme, VIEWEG+TEUBNER, Wiesbaden
4. Lamie EL (2016) Real-time embedded multithreading, Express Logic
5. Dean AG, Conrad JM (2012) Embedded Systems, Micrium Press, Weston
6. Gessler R (2014) Entwicklung Eingebetteter Systeme, Springer Vieweg, Wiesbaden
7. Audsley NC, Burns A, Richardson MF, Wellings AJ (1991) Hard Real-Time Scheduling: The Deadline-Monotonic Approach 1, IFAC Proceedings Volume 24, Issue 2, May 1991, https://doi.org/10.1016/S.1474-6670(17)51283-5
8. https://rtos.com/ Zugegriffen: 18. Mai 2018
9. Debugging ThreadX® RTOS Applications Using TraceX® (2016), Application Note, Renesas Electronics

Frameworks und Functional Libraries

Das RTOS weist die Funktionalitäten auf, die für die Realisierung von Echtzeitsystemen benötigt werden, und sowohl das BSP als auch die HAL stellen die Low-Level-Treiber zur Verfügung, die die Interaktion mit der Hardware durch die Bereitstellung entsprechender Programmierschnittstellen vereinfachen. Aber immer noch ist der Grad der Abstraktion ziemlich eingeschränkt, insbesondere was die Entwicklung komplexerer Funktionen und Anwendungen betrifft. Zwar können komplexere Funktionen durch eine geeignete Kombination von HAL Modulen erstellt werden, was allerdings eine genaue Kenntnis der Module sowie der komplexen Funktion voraussetzt. Daher wäre es hilfreich und sinnvoll, vordefinierte Module und Komponenten zu nutzen, die die komplexe Funktionalität bereits darstellen und so einen höheren Grad an Abstraktion bieten als die einfacheren HAL/BSP-Module.

Als Beispiel können Roboter dienen, die nicht nur in Produktionsanlagen, sondern auch in zahlreichen anderen Anwendungen immer größere Verbreitung finden. Darüber hinaus nimmt der Grad der Autonomie von Robotern, und generell von Systemen, immer mehr zu und autonome Systeme agieren ohne menschlichen Eingriff. In einem solchen System müssen dann beispielsweise alle benötigten Komponenten wie Sensoren, Aktoren oder HMI an den Mikrocontroller als zentrales Steuerelement angeschlossen werden. Die Programmierung des Controllers auf HAL-Ebene ist natürlich möglich – aber sicherlich auch schwierig, fehleranfällig und sehr aufwendig. So hat ein automatisierter Roboter zahlreiche Anforderungen an das eingebettete System, insbesondere, wenn der Roboter mit einem menschlichen Operator zusammenarbeitet. Sensoren werden für die Bestimmung von Position und Geschwindigkeit benötigt, Hindernisse (wie z. B. der Operator) müssen zuverlässig erkannt werden, und je nach Gegebenheit müssen noch andere Größen wie Temperatur oder Druck bestimmt werden. Diese Sensoren übertragen ihre Messwerte über analoge oder digitale Schnittstellen an den Mikrocontroller. Dieser kontrolliert die notwendige Ansteuerung der Aktoren, um den Roboter bzw.

© Springer-Verlag GmbH Deutschland, ein Teil von Springer Nature 2019
F. Hüning, *Embedded Systems für IoT*,
https://doi.org/10.1007/978-3-662-57901-5_9

Teile davon mittels elektrischer oder hydraulischer Antriebe zu bewegen. Dazu müssen entsprechende analoge und digitale Ausgangssignale generiert werden. Die Algorithmen, die dazu auf dem Mikrocontroller laufen müssen, berechnen aus den Sensoreingängen mittels digitaler Signalverarbeitung (DSV) die Ausgangssignale. Die Entwicklung der Algorithmen der digitalen Signalverarbeitung von Grund auf, nur unter Verwendung der HAL, erfordert ein tiefes Verständnis der DSV und ihrer Algorithmen – wiederum schwierig, fehleranfällig und zeitaufwendig.

Rekapitulieren wir kurz die Grundideen von modularer Software. Eine Grundidee ist die Kombination von Softwaremodulen, um komplexerer Funktionen zu realisieren. Dazu können, wie in Abb. 9.1, Module zu Stacks gestapelt werden, um eine höhere Komplexität darzustellen. Das Stapeln der Module ist ziemlich einfach, da diese definierte Schnittstellen haben. Dadurch können sie Dienste den höheren Modulen zur Verfügung stellen bzw. Dienste von niedrigeren Modulen nutzen.

Frameworks, functional libraries oder die sogenannte Middleware (s. Kap. 10) sind Umsetzungen dieser geforderten Abstraktion. Sie stellen Funktionalitäten zur Verfügung, die häufig in Anwendungen benötigt werden. Durch die Verwendung dieser Frameworks, Bibliotheken oder Middlewaremodule müssen diese Funktionen nicht immer wieder neu entwickelt werden, sondern bestehende Lösungen können wiederverwendet werden.

Ein Application Framework ist ganz allgemein ein Stack von Modulen mit einer dazugehörigen Programmierschnittstelle [1]. Dabei kann das Framework, wie in Abb. 9.1 rechts dargestellt, prinzipiell HAL Module oder das BSP nutzen oder auch direkt auf die Hardware zugreifen. Gewöhnlich sind die Frameworks aber unabhängig von einem Peripheriemodul des Controllers oder einem speziellen Treibermodul. Stattdessen kann die eingesetzte Hardware ausgetauscht werden, ohne dass der Anwendungscode geändert werden muss, da dieser nur die API des Frameworks nutzt. Dazu ist in Abb. 9.2 als Beispiel eine Anwendung dargestellt, die den Mikrocontroller mit der Konsole eines PCs bzw. einer Terminalemulation wie PuTTY verbindet, um eine Kommunikation zwischen PC und Mikrocontroller aufzubauen. Dabei kann die Verbindung über eine UART, USB oder Telnet hergestellt werden. Dabei ist die Verbindung für die Anwendung nicht

Abb. 9.1 Schematische Darstellung eines Modulstacks (links) und eines Frameworks (rechts)

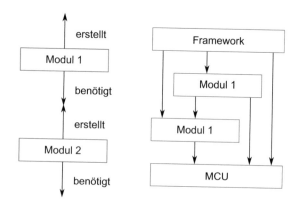

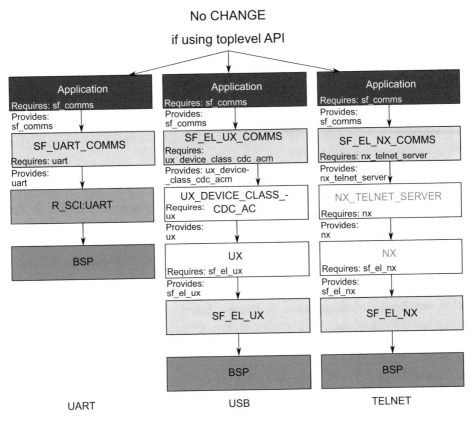

Abb. 9.2 Consolen-Framework mit drei unterschiedlichen Implementierungen

wichtig, sondern für diese ist nur wichtig, dass es eine Verbindung gibt, die genutzt werden kann, egal ob über UART, USB oder Telnet, Die Anwendung greift bei der Nutzung des Console Frameworks nur auf dessen API zu. Die darunterliegende Implementierung ist für die Anwendung irrelevant, da die Dienste und Features des Console Frameworks (sf_comms) dabei identisch bleiben (Abb. 9.2).

Durch die Verwendung von Frameworks muss sich der Anwender weder um die Details der Hardware und ihrer Low-Level-Programmierung kümmern noch muss er ein Experte für den zugehörigen Mikrocontroller sein, sondern es kann direkt die API des Frameworks nutzen. Neben der reduzierten Komplexität und dem hohen Abstraktionsgrad bieten Frameworks noch weitere Vorteile:

- Erhöhung der Portierbarkeit
- Hohes Maß an Flexibilität
- Weniger Low-Level-Programmierung
- Höhere Effizienz in der Entwicklung

- Schnellere Entwicklung und kürzere Entwicklungszeit
- Größere Zuverlässigkeit durch getesteten und geprüften Code
- Wiederverwertung von Code, controller- und produktübergreifend
- Kostenreduktion

Neben Frameworks können auch Bibliotheken (Functional Libraries) zusätzliche und dedizierte Funktionalitäten bereitstellen, die häufig in eingebetteten Systemen benötigt und eingesetzt werden, beispielsweise digitale Signalverarbeitungsalgorithmen, Kryptografie oder Sicherheitsfunktionen.

Die digitale Signalverarbeitung (DSV) gewinnt im Vergleich zur analogen Signalverarbeitung immer mehr an Bedeutung, da sie zahlreiche Vorteile bietet. Grundvoraussetzung für die DSV sind natürlich entsprechende Möglichkeiten, die analogen Signale zu digitalisieren und anschließend digital zu bearbeiten. Beides ist bei den Recheneinheiten von eingebetteten Systemen gegeben, sei es durch einen Mikrocontroller mit integriertem ADC oder, für Algorithmen mit sehr hohem Rechenleistungsbedarf, durch ein FPGA oder DSP.

Signalverarbeitung, ob analog oder digital, ist zunächst die Manipulation von Signalen, um daraus Informationen zu gewinnen, Daten zu reduzieren, die Signale aufzubereiten oder Reaktionen zu ermitteln. Ein einfaches Beispiel für eine analoge Signalverarbeitung ist ein RC-Tiefpass (Abb. 9.3). Das Eingangssignal wird mittels des RC-Glieds derart manipuliert, dass hochfrequente Anteile aus dem Signal gefiltert werden. Dabei hängt die Grenzfrequenz f_C, bei der das Signal um den Faktor 0.707 bzw. 3 dB abgesunken ist, von R und C ab:

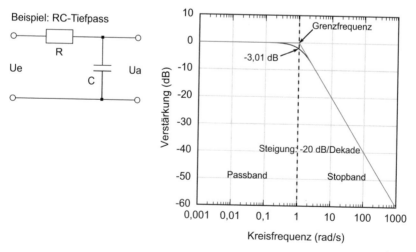

Abb. 9.3 RC-Tiefpass (links) mit Übertragungsfunktion (rechts) als Beispiel für analoge Signalverarbeitung

$$f_C = \frac{1}{2\pi RC} \tag{9.1}$$

Oberhalb der Grenzfrequenz nimmt die Dämpfung mit 20 dB/Dekade zu. Soll eine höhere Dämpfung erreicht werden, sind entsprechend Filter höherer Ordnung zu verwenden. Dabei hat ein Filter n-ter Ordnung eine Dämpfung von $n \cdot 20$ dB/Dekade und benötigt dafür n Speicherelemente. Dementsprechend komplex ist der Entwurf eines solchen Filters.

Statt analoge Signale zu manipulieren nutzt die digitale Signalverarbeitung arithmetische Algorithmen, um die gewünschte Funktionalität darzustellen. Die Algorithmen der DSV werden in Software oder, insbesondere bei DSP oder FPGA, in Hardware realisiert und haben die generelle Form für die Berechnung des Ausgangssignals y_n [4]:

$$y_n = \sum_{k=0}^{N} a_k \cdot x_{n-k} - \sum_{k=1}^{M} b_k \cdot y_{n-k} \tag{9.2}$$

Für das Ausgangssignal y_n werden im Allgemeinen das aktuelle Eingangssignale x_n sowie die Vorgängersignale x_{n-k} mit jeweiligen Vorfaktoren multipliziert und aufsummiert. Bei Rückkopplung des Ausgangssignals werden auch die vorigen Ausgangssignale mit entsprechenden Faktoren berücksichtigt zur Berechnung des neuen Ausgangssignals. Eine schematische Darstellung eines digitalen Filters 1. Ordnung ohne Rückkopplung, eines Transversal- oder Finite-Impulse-Response-Filters, ist in Abb. 9.4 dargestellt, d. h. $N=1$ und $b_k=0$, z^{-1} stellt die Zeitverzögerung um einen Takt dar. Die Rechenleistung, die für die Berechnungen benötigt wird, steigt mit der Filterordnung an. Gegenüber der analogen Signalverarbeitung bietet die DSV zahlreiche Vorteile:

- Reproduzierbarkeit
- Einfachere Realisierung und Implementierung
- Flexibilität und Wiederverwertbarkeit
- Datenspeicherung und -übertragung
- Fehlererkennung und -korrektur

Abb. 9.4 Schematische Darstellung eines digitalen Tiefpasses erster Ordnung

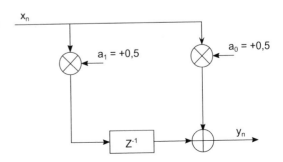

Der zweite Punkt mit der einfachen Realisierung und Implementierung stimmt nur zum Teil. Die Entwicklung eines eigenen digitalen Filters höherer Ordnung (oder eines anderen komplexen DSV-Algorithmus) kann eine sehr anspruchsvolle Aufgabe sein – zumindest, wenn man die Entwicklung ganz von vorne beginnt. Aber viele Algorithmen sind bereits vorhanden und können, mehr oder weniger einfach, auf die eigene Hardware portiert werden. Oder, und hier kommen Bibliotheken und functional libraries ins Spiel, die Algorithmen sind schon für die Zielhardware verfügbar. Dann können Sie einfach integriert und verwendet werden.

Die Verwendung von existierenden, geprüften Algorithmen findet sich auch in anderen Teilbereichen der DSV wie der Kryptografie.

9.1   Synergy Application Framework und Functional Libraries

Wie in Abb. 9.5 dargestellt weist das SSP eine Vielzahl an Frameworks und Bibliotheken auf, die häufig in IoT- und Industrieanwendungen verwendet werden, z. B. ADC, Audio oder GUI Anwendungen [2][3]. Die Modulnamen beginnen mit sf_ und die Frameworks sind in e²studio integriert, sodass sie ohne weiteren Aufwand direkt eingesetzt werden können.

Am Beispiel einer Anwendung, die die Wandlung analoger Signale beinhaltet. kann nochmals der Nutzen von Frameworks, hier des ADC Frameworks des SSP, verdeutlicht werden. In der Anwendung sollen periodisch analoge Signale gewandelt werden und die digitalisierten Daten dann automatisch in einen Speicherbereich transferiert werden. Dazu können mehrere Module verwendet werden, die von der HAL bereitgestellt werden, und auf die der ADC Framework zugreift. Wie in Abb. 9.6 zu erkennen ist, ist der ADC Framework oberhalb der HAL lokalisiert und nutzt die aufgeführten HAL Module, die wiederum mit den entsprechenden Peripheriemodulen interagieren.

- ADC für die analog zu digital Wandlung
- GPT für die Zeitfunktionalität (periodische Wandlung)
- DTC für einen effizienten Datentransfer ohne CPU Belastung

Die eigentliche Anwendung wiederum greift nur noch auf die API des ADC Frameworks zu und bietet somit den Fokus auf die Entwicklung der Anwendung, ohne sich um die Details der ADC Funktion kümmern zu müssen.

Die Einrichtung und Konfiguration des ADC Application Framework ist in e²studio wieder sehr einfach (s. auch Kap. 13) In der Configuration Perspective wird der Thread selektiert, der das ADC Framework beinhalten soll und der neue Stack durch Framework->Analog->ADC Periodic Framework on sf_adc_periodic hinzugefügt (Abb. 9.7). Die für das Framework benötigten HAL Module (ADC, GPT und DTC) werden direkt integriert und in dem Stackfenster dargestellt. In den jeweiligen Properties-Tab können alle Module konfiguriert werden. So kann in der Toplevel-Konfiguration

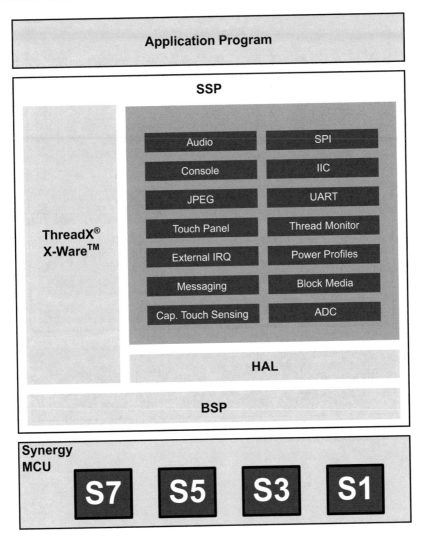

Abb. 9.5 Application Frameworks des SSP

des Frameworks die Buffergröße, die Wiederholrate oder der GPT Triggerkanal eingestellt werden. Die HAL Module werden ebenso nach den Anforderungen der
Anwendung konfiguriert, z. B. 8-Bit Auflösung und Scanmode für den ADC.

Bibliotheken sind eine weitere Möglichkeit, komplexe Funktionalitäten mit einem
hohen Abstraktionsgrad einzubinden, im Falle des SSP in Form von Functional Libraries. Diese setzen direkt auf der HAL auf und sind vollständig getestet und verifiziert.
Funktionalitäten, die durch Functional Libraries unterstütz werden, sind u. a. DSP-
Algorithmen oder kryptografische Funktionen [3].

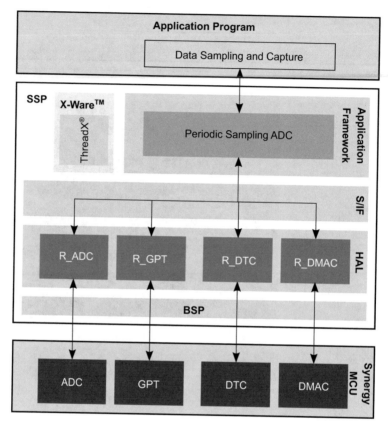

Abb. 9.6 ADC Application Framework

adc_framework_thd Stacks

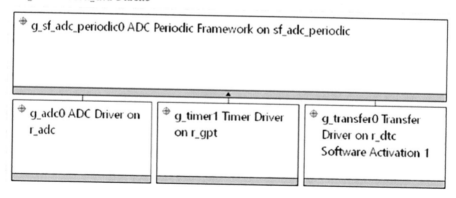

Abb. 9.7 Stackfenster des ADC Frameworks

Die CMSIS konforme DSP Bibliothek wird automatisch zu jedem Projekt hinzugefügt (synergy/ssp/src/bsp/cmsis/DSP_Lib/cm4_gcc/libDSP_Lib.a). Sie stellt häufig verwendete mathematische Funktionen zur Verfügung, um effizient digitale Signalverarbeitungsalgorithmen zu realisieren:

- Grundlegende mathematische Operationen
- Filter
- Matrizenoperationen
- Transformationen
- Motorsteuerung
- Statistische Funktionen
- Interpolationen

Die Verwendung der DSP Bibliothek ist denkbar einfach, durch Hinzufügen von „#define ARM_MATH_CM4" und „include arm_math.h" in den eigenen Code stehen alle Funktionen der Bibliothek zur Verfügung, ohne dass sich der Anwender Gedanken über die Details der Algorithmen oder des Low-Level-Codes machen muss.

Eine wichtige Eigenschaft von eingebetteten Systemen, insbesondere bei vernetzten Systemen, stellt die Datensicherheit und Datenintegrität dar. Dazu stellt die Crypto Library des SSP zahlreiche kryptografische Operationen zur Verfügung, um den Anwender von der Notwendigkeit, effiziente und funktionale Algorithmen selbst entwickeln und testen zu müssen, zu entbinden. Einige der Verfahren sind in Tab. 9.1 aufgeführt, und die AES Verschlüsselung kann als Beispiel dafür dienen, wie sie in einem Projekt eingesetzt werden kann.

AES ist eine Spezifikation für die Ver- und Entschlüsselung von elektronischen Daten (Abb. 9.8). Dabei ist sie mit Schlüsselgrößen von 192 oder 256 Bit ausreichend

Tab. 9.1 Verschlüsselungsverfahren für den S7G2 Mikrocontroller [5]

Verfahren	Beschreibung
TRNG (True Random Number Generator)	Generierung von Zufallszahlen
AES (Advanced Encryption Standard)	Verschlüsselung und Decodierung von 128-Bit, 192-Bit und 256-Bit Schlüsseln ECB, CBC, CTR, GCM, XTS Chaining Modes
RSA (Rivest, Shamir, Adleman asymmetric cryptographic algorithm)	Unterschriftenerzeugung und -prüfung, Public-Key Verschlüsselung, Private.Key Decodierung 1024-Bit und 2048-Bit Schlüssel
DSA (Digital Signature Algorithm)	Unterschriftenerzeugung und -prüfung (1024, 128)-Bit, (2048, 224)-Bit, (2048, 256)-Bit Schlüssel
HASH Methoden	SHA1, SHA224, SHA256

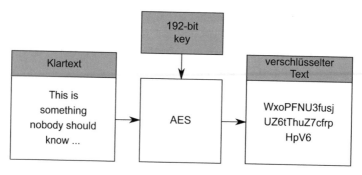

Abb. 9.8 Schematische Darstellung einer Datenverschlüsselung mittels 192-Bit AES

```
uint32_t msg_data[32]; /* original data */
uint32_t enc_data[32]; /* encrypted data */
uint32_t dec_data[32]; /* decrypted data */
uint32_t key_data[4]; /* key */
uint32_t ive_data[4]; /* initialization vector data for encryption */
uint32_t ivd_data[4]; /* initialization vector data for decryption */

/* open the secure crypto engine driver */
g_sce.p_api->open(g_sce.p_ctrl, g_sce.p_cfg);

/* open the AES driver */
g_sce_aes_0.p_api->open(g_sce_aes_0.p_ctrl, g_sce_aes_0.p_cfg);

/* encrypt data */
g_sce_aes_0.p_api->encrypt(g_sce_aes_0.p_ctrl, key_data, ive_data, 32, msg_data, enc_data);

/* decrypt data */
        g_sce_aes_0.p_api->decrypt(g_sce_aes_0.p_ctrl, key_data, ivd_data, 32, enc_data, dec_data);
```

Abb. 9.9 Beispielcode für die Verschlüsselung und Entschlüsselung von Daten mittels der Crypto Library

zur Verschlüsselung von Daten der höchsten Geheimhaltungsstufe. Da AES eine schnelle Berechnung mit einem geringen Bedarf von RAM Speicher kombiniert, ist es sehr verbreitet in vielen Anwendungen wie Archiv- und Kompressionsprogrammen, LAN-Vernetzung oder Passwort-Safes.

In e²studio wird das Crypto-Modul zu einem Thread hinzugefügt werden, indem der passende Crypto-Treiber selektiert wird. Die Eigenschaften wie Schlüsselgröße oder Chaining Mode werden im Properties Tab konfiguriert. Anschließend können die Algorithmen über die API der Crypto Library im Anwendungscode verwendet werden, ohne weitere detaillierte Kenntnisse über die Algorithmen oder deren Low-Level-Programmierung (Abb. 9.9).

Literatur

1. Oed R (2017), Basics of the Renesas Synergy™ Platform, Renesas Electronics Europe GmbH, https://www.renesas.com/en-eu/media/products/synergy/book/Basics_of_the_Renesas_Synergy_Platform_1712.pdf
2. Renesas Synergy Software Package (SSP) User's Manual (2016) v1.2.0-b.1, Rev.0.96., Renesas Electronics
3. Synergy™ Software Package (SSP) Datasheet (2017) v1.2.0, Rev.1.34, Renesas Electronics
4. Meyer M (2017) Signalverarbeitung, Springer Vieweg, Wiesbaden
5. S. 7G2 User's Manual: Microcontrollers (2016) Rev.1.20., Renesas Electronics

Middleware

10

Eine präzise Definition, was Middleware ist, ist schwierig zu bekommen, also soll sie erst mal als das definiert werden, was sie nicht ist: Middleware ist alles, was nicht Betriebssystem, Low-Level-Treiber oder Anwendungssoftware ist. Oder, in anderen Worten, die Grenzlinie zwischen Middleware und Anwendungssoftware ist verwischt und die Middleware kann als eine Art Anwendungssoftware angesehen werden, die aus der eigentlichen Anwendungssoftware herausgelöst und separiert wurde. Die Gründe für diese Abtrennung von der Anwendungssoftware sind vielfältig.

Zunächst einmal können häufig verwendete Aufgaben und Anwendungen, wie z. B. das Filehandling oder GUI-Treiber, in Modulen der Middleware zusammengefasst werden. Diese Module nutzen die darunterliegenden Softwareschichten und stellen der Anwendungssoftware zusätzliche Dienste und Funktionalitäten zur Verfügung. Damit stellen sie einen weiteren Grad an Abstraktion von der Hardware dar. Im Hinblick auf die Flexibilität und Portierbarkeit ermöglichen sie ein hohes Maß an Wiederverwertbarkeit für unterschiedlichste Anwendungen und Systeme. Sie sind direkt einsatzbereit und vermeiden so, den gleichen Code bzw. die gleiche Funktion wieder und wieder zu schreiben. Da sie separat entwickelt und getestet wurden und in der Regel schon in zahlreichen anderen Projekten eingesetzt wurden, ist die Zuverlässigkeit des Codes sehr hoch, was auch die Zuverlässigkeit des Gesamtsystems steigert. Zu guter Letzt vereinfacht die Middleware durch die höhere Abstraktionsebene den Anwendungscode erheblich, was die Entwicklung schneller, einfacher und effizienter macht. Somit kann der Anwendungsentwickler seinen Fokus auf die eigentliche Applikation legen. Nimmt man alle Vorteile zusammen, kann der Einsatz von Middleware sowohl die Entwicklungszeit verkürzen und damit eine schnellere Produkteinführungszeit erreichen als auch die Entwicklungskosten reduzieren.

Die Middleware befindet sich, wie der Name schon impliziert, in der Mitte der Software, zwischen HAL und BSP auf der einen und der Anwendungssoftware auf der anderen Seite (Abb. 10.1). Dadurch interagiert sie mit der HAL, dem BSP, dem Betriebssystem und der Anwendungssoftware.

F. Hüning, *Embedded Systems für IoT*,
https://doi.org/10.1007/978-3-662-57901-5_10

Abb. 10.1 Middleware
innerhalb der Systemsoftware

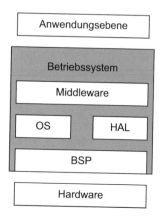

Middleware kann selbst entwickelt werden, was aber in der Regel nicht der Fall ist, meist wird kommerzielle oder open-source Middleware eingesetzt. Dabei muss die verwendete Middleware sowohl zu den Anforderungen der Anwendung passen als auch kompatibel mit den anderen Softwaremodulen und der Hardware sein. Wie jeder Softwarestack oder jedes Modul, so bringt auch die Middleware einigen Overhead mit. Sie hat einen gewissen Speicher- und Leistungsbedarf, beides limitierte Größen in eingebetteten Systemen. Daher ist ein minimaler Overhead bei voller Funktionalität ein wichtiges Merkmal einer guten Middleware. Dazu gehört, dass der Anwender nur die benötigten Funktionalitäten der Middleware auswählen kann, die dann in die finale Anwendungssoftware eingebunden werden und so die Ressourcen möglichst wenig in Anspruch nehmen.

10.1 Synergy Middleware

Die Middleware für die Synergy Plattform ist direkt Teil des SSP und erfüllt die oben aufgeführten Anforderungen: sie ist kompatibel zu den Synergy Mikrocontrollern und den Synergy Softwaremodulen und wurde für den Einsatz in eingebetteten Systemen optimiert. Alle Middlewarekomponenten sind voll getestet, verifiziert und zuverlässig. Dabei umfasst die SSP Middleware auch Module von Drittanbietern wie Express Logic, wobei der volle Support auch dafür von Renesas im Rahmen der Synergy Plattform geleistet wird [1].

Einige Komponenten der Synergy Middleware sind in Abb. 10.2 dargestellt. Dabei können drei Blöcke von Modulen unterschieden werden, das Application Framework, die Functional Libraries und die X-Ware Komponeten von Express Logic.

Wie schon beim Echtzeitbetriebssystem ist Express Logic der Partner von Renesas für die X-Ware Suite von Stacks und Middleware. Der große Vorteil liegt, ebenso wie beim RTOS ThreadX®, dass diese Module bereits weltweit in unzähligen und unterschiedlichsten Anwendungen im Einsatz sind und daher eine Art Industriestandard darstellen. Wegen der großen Bedeutung, die Vernetzung für IoT und Industrie 4.0 Anwendungen

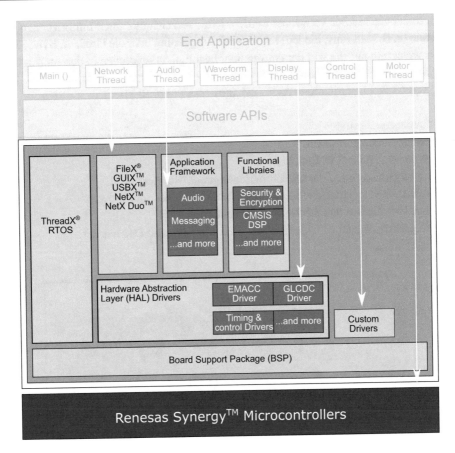

Abb. 10.2 Blockdiagramm der SSP Middleware [2]

hat, werden die Vernetzungsmodule USBX[TM], NetX[TM] und NetX Duo [TM] in Kap. 11 dargestellt. Neben den Vernetzungskomponenten beinhaltet das SSP noch Middleware zum Filehandling (FileX[®]) und für die Gestaltung grafischer Benutzeroberflächen (GUIX[TM]). Die Middleware von Express Logic ist für den Einsatz in eingebetteten Systemen optimiert, so im Hinblick auf Speicherbedarf und Leistungsfähigkeit, zudem ist die Integration in ein Projekt denkbar einfach, da die Module direkt innerhalb von e²studio verfügbar sind.

10.1.1 FileX

FileX[®] ist ein MS-DOS kompatibles File-System für eingebettete Systeme, das das FAT-Dateisystem (File Allocation Table) in den 12-, 16- und 32-Bit Varianten sowie eine zusammenhängende File-Allokation unterstützt. Dabei können zahlreiche unterschiedliche Medien verwendet werden. Jedes Verzeichnis enthält Informationen über Attribute (z. B. read-only, hidden) letztes Änderungsdatum oder die Größe in Bytes [3].

Da wiederum nur die von der Anwendung benötigten Funktionen in den finalen Code integriert werden, ist der benötigte Speicherbedarf gering und liegt in der Größenordnung von 6 kB. Eigenschaften von FileX® umfassen (Abb. 10.3):

- Schnelle Ausführung
- Schnelle Suchalgorithmen
- Interner Cache für FAT Einträge
- Zusammenhängende File-Allokation (contiguous file allocation)
- Aufeinanderfolgende Lese/Schreibzugriffe auf Sektoren und Cluster
- Lange Dateinamen und 8.3 Namenskonvention
- Unbegrenzte Anzahl an Objekten wie Verzeichnissen und Dateien
- Echtzeitfähig

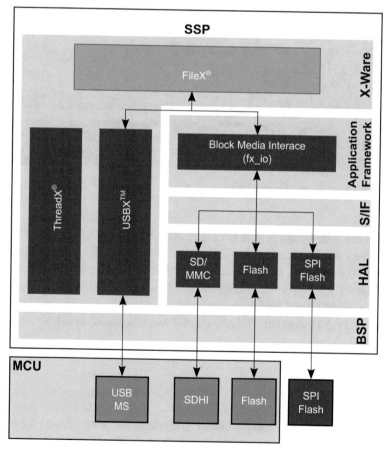

Abb. 10.3 Blockdiagramm von FileX®

Die Nutzung von FileX® ermöglicht die Einbindung unterschiedlicher Speichermedien in die Anwendung, z. B. USB-Speicher, eMMC Karten (embedded Multimedia Card), seriellen SPI Flashspeicher oder RAM-Speicher. Abb. 10.4 zeigt den schichtartigen Aufbau einer FileX® Anwendung, die eine hohe Flexibilität aufweist. Das FileX Port Block Media Framework (sf_el_fx) stellt die Funktionsaufrufe von FileX® zur Verfügung und greift seinerseits auf die Synergy Medientreiber über das Block Medie Framework (sf_block_media_sdmmc) zu. Dabei stellt das Block Media Framework die Abstraktion zwischen FileX® und den SSP Block Media dar. Aufgrund der schichtartigen Struktur und der Separierung der Anwendung vom Speichermedium kann dieses einfach geändert werden, ohne dass die Anwendungssoftware geändert werden muss. Wie bei allen Middlewaremodulen des SSP ist auch die Nutzung von FileX® einfach: in Configuration Perspective kann einem Thread durch „X-Ware→ FileX→ FileX on Block Media" das Modul hinzugefügt werden. Die Konfiguration der hinzugefügten Module geschieht wiederum über die Properties.

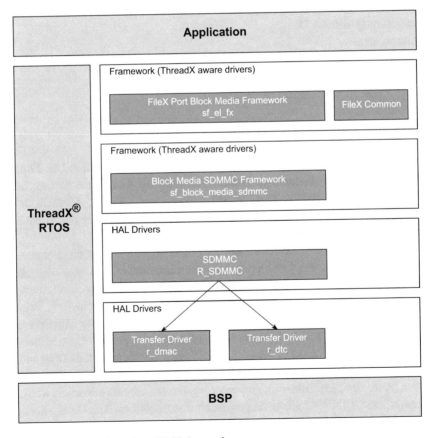

Abb. 10.4 Softwarestruktur einer FileX-Anwendung

10.1.2 GUIX

Neben der Vernetzung spielt bei IoT Anwendungen die Interaktion von Mensch und Maschine eine wesentliche Rolle. Dabei werden vielfach grafische HMI wie Displays oder Touch-Displays eingesetzt. Daher finden mehr und mehr GUI-Funktionalitäten Einzug in eingebettete Systeme.

Die Renesas Synergy Plattform setzt die Middleware GUIX™ ein, die insbesondere für leistungsfähige GUIs in Echtzeitsystemen entwickelt wurde [4]. Diese Laufzeitbibliothek ist als reine C-Bibliothek realisiert und ist voll in ThreadX® integriert. Wie beim FileX® werden nur die benötigten Komponenten in den finalen Code eingebunden, um den Speicherbedarf gering zu halten, der bei etwa 6 kB liegt. Einige Eigenschaften von GUIX™:

- Hohe Zuverlässigkeit für den Einsatz in sicherheitskritischen Systemen
- Dynamische GUI-Objekterzeugung und –löschung (Fenster, Bildschirme, Widgets)
- Alpha Blending und Anit-Aliasing bei hohen Farbtiefen
- Unterstützung mehrere Displays
- Bildübergänge
- Dynamische Animationen
- Unterstützung von Touchscreens und virtuellen Tastaturen
- Automatische Skalierung von Objektgrößen
- Bildschirmrotation
- Zahlreiche Farbformate wie RGB888 oder RGB565

Abb. 10.5 zeigt den schichtartigen Aufbau einer GUIX™-Anwendung. Das Portmodul SF_EL_GX in der SSP Framework-Schicht verbindet die Grafikmodule des SSP mit GUIX®, indem es eine SSP-kompatible API definiert und GUIX™ oberhalb des SSP adaptiert. Somit können zum Beispiel die Synergy 2D-Engine oder das JPEG-Modul genutzt werden, um das Zeichnen von Widgets zu beschleunigen.

GUIX™ stellt somit eine einfache Möglichkeit dar, grafische Benutzeroberflächen anzusteuern und die geforderten Grafiken darzustellen. Um aber eine elegante und funktionale GUI zu entwicklen wird eine zusätzliche Entwicklungsumgebung benötigt, da das Design einer GUI in reinem C-Code ziemlich schwierig ist. Daher bietet eine dedizierte Entwicklungsanwendung, GUIX Studio™, die Möglichkeit, die grafische Benutzeroberfläche auf einem Standardcomputer zu entwickeln. Mittels eines WYSIWYG-Bildschirms kann in GUIX Studio™ die Oberfläche mittels Drag and Drop von grafischen Elementen einfach erstellt werden – ohne eine einzige Zeile Code zu schreiben (Abb. 10.6) [5]. Bilder im png- oder jpg-Format können importiert werden und in komprimierte GUIX™-Grafiken umgewandelt werden. Neben dem Design können die kompletten Benutzeroberflächen auch ausgeführt werden, wie es auch in der finalen eingebetteten Anwendung geschehen soll. Dies erlaubt eine schnelle und frühe Generierung und Demonstration von grafischen Bedienkonzepten, das Testen von Bildschirmübergängen, Animationen oder Touch-Funktionalitäten.

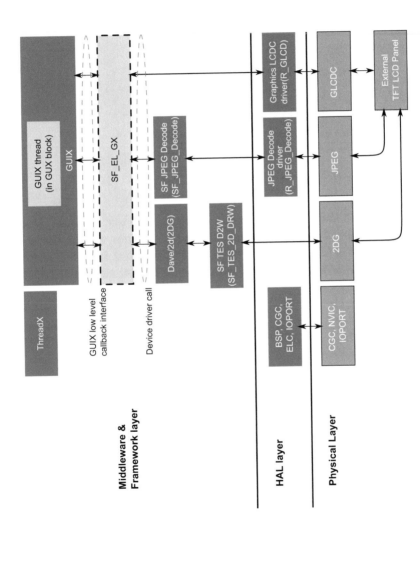

Abb. 10.5 GUIX^TM-Anwendung mit schichtartigem Softwareaufbau

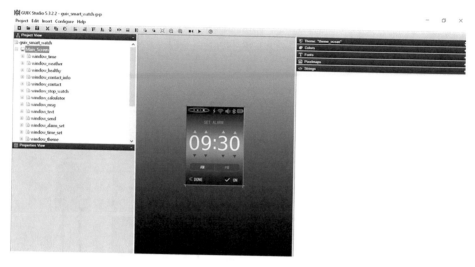

Abb. 10.6 Screenshot der Oberfläche von GUIX Studio™

Nachdem die GUI so effizient und einfach erzeugt wurde, kann in GUIX Studio™ der C-Code für die eingebettete Anwendung automatisch generiert werden. Dieser kann direkt kompiliert und in GUIX™ integriert werden. Dieser Ablauf ist schnell und effizient, um von einem GUI-Design zu der Ausführung auf dem Zielcontroller zu kommen – ohne eine Zeile eigenen Codes.

GUIX Studio™ ist ein eigenständiges Programm, das direkt von der Renesas Synergy Gallery heruntergeladen werden kann. Es stellt viele grafische Elemente für unterschiedliche Anwendungsgebiete zur Verfügung, so für Heimautomatisierung und medizinische oder industrielle Anwendungen.

Literatur

1. Renesas Synergy Software Package (SSP) User's Manual (2016) v1.2.0-b.1, Rev.0.96., Renesas Electronics
2. Synergy™ Software Package (SSP) Datasheet (2017) v1.2.0, Rev.1.34, Renesas Electronics
3. FileX® User's Manual: Software (2015) Rev.5.0, Renesas Electronics
4. GUIX™ User Guide (2016) Rev.5.30, Renesas Electronics
5. GUIX Studio™ User Guide (2016) Rev.5.30, Renesas Electronics

Vernetzung

Vernetzung und Kommunikation sind Hauptmerkmale von Internet of Things und Industrie 4.0 Anwendungen, bei denen alles mit allem verbunden ist und Daten austauscht. Dabei ist Kommunikation innerhalb des vernetzten Systems eine komplexe und vielfältige Anwendung an sich. Um die Kommunikation möglichst einfach nutzen und dabei den Schwerpunkt trotzdem auf die eigentliche Anwendung legen zu können, ist der Einsatz von dedizierten Kommunikationsmodulen oder entsprechender Middleware sehr wichtig. Dadurch kann das komplexe und fehleranfällige Programmieren von Kommunikationsstacks vermieden werden.

Ein wohlbekanntes Beispiel für vernetzte und eingebettete Systeme stellt ein Auto mit seinen zahlreichen Systemen und Steuergeräten dar. Neben den Grundanforderungen an die Funktionalität des Autos wie dem Fahren, Bremsen oder Lenken besitzen moderne Autos eine Vielzahl an Fahrerassistenzsystemen (FAS oder ADAS, Advanced Driver Assistant Systems), um das Fahren sicherer, komfortabler und effizienter zu gestalten. Um diese FAS realisieren zu können werden zahlreiche eingebettete Steuergeräte verwendet, wie zum Beispiel für die Motor- und Getriebesteuerung oder den Notbrems- oder Spurhalteassistenten. Zusätzlich zu den Steuergeräten benötigen die Assistenzsysteme auch noch viele Sensoren, um die benötigten Parameter zu erfassen. Auch die Sensoren, von einfachen Temperatur- und Drucksensoren zu komplexen Radarsensoren und Kameras, sind im Auto integriert und übertragen ihre Daten zu den entsprechenden Steuergeräten.

Die Assistenzsysteme sind in der Regel nicht auf einem Steuergerät, und den zugehörigen Sensoren, implementiert, sondern sie sind oft auf mehrere ECUs verteilt. Daher müssen die Steuergeräte, genauso wie die Sensoren und Aktoren, Daten austauschen, um die gewünschte Funktionalität zu realisieren. Wie aus dem Beispiel des Notbremsassistenten direkt offensichtlich ist, muss diese Kommunikation in Echtzeit stattfinden und absolut zuverlässig sein.

© Springer-Verlag GmbH Deutschland, ein Teil von Springer Nature 2018
F. Hüning, *Embedded Systems für IoT*,
https://doi.org/10.1007/978-3-662-57901-5_11

Abb. 11.1 zeigt das Kommunikationsbordnetz eines modernen Autos, das aus mehreren unterschiedlichen Bussystemen besteht. Die wichtigsten Bussysteme im Auto sind sicherlich CAN (Controller Area Network) und LIN (Local Interconnect Network), aber auch Ethernet wird immer wichtiger. Bislang waren die Bussysteme für die interne Kommunikation der Steuergeräte vorgesehen. Aber selbst Autos werden immer mehr zu einem Teil der Internet of Things, indem sie mobile und drahtlose Kommunikationssysteme integrieren, um mit anderen Fahrzeugen, der Infrastruktur oder der Cloud kommunizieren zu können. Daher wird die Kommunikation auch im Automobilbereich immer wichtiger.

Eine schematische Darstellung eines verteilen Systems auf dem Auto zeigt Abb. 11.2 am Beispiel des Abstandregeltempomaten (Adaptive Cruise Control, ACC). Dieses

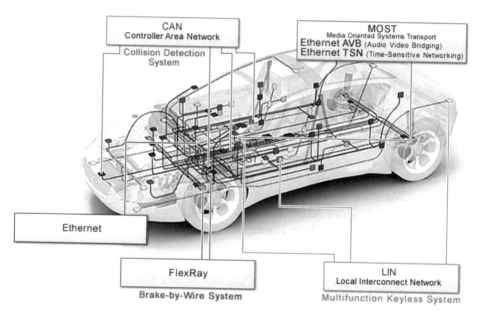

Abb. 11.1 Verteilte Systeme im Auto mit unterschiedlichen Datenbussen

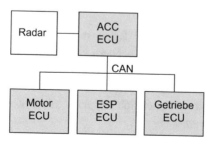

Abb. 11.2 Abstandsregeltempomat als Beispiel für ein verteiltes System

Assistenzsystem passt die Fahrzeuggeschwindigkeit automatisch an die Verkehrs-
situation, insbesondere das vorausfahrende Fahrzeug, an. Es berechnet die mögliche
Geschwindigkeit anhand von unterschiedlichen Eingangsgrößen. Sensoren wie ein
Radarsensor übermitteln die Abstandswerte zu einem vorausfahrenden Fahrzeug. Der
Fahrerwunsch muss ebenso berücksichtigt werden wie die aktuellen Fahrzeugdaten vom
Motor und Getriebe. Aus all diesen Daten berechnet die ACC ECU die Stellgrößen, um
das Auto zu beschleunigen oder zu bremsen, und übermittelt diese wiederum an die
beteiligten Steuergeräte, z. B. das Motor-, Getriebe- und Bremssteuergerät. Wiederum
wird bei diesem System schnell klar, dass die Kommunikation in Echtzeit und zuverlässig funktionieren muss, um das sicherheitskritische System realisieren zu können.

Nicht nur für Autos, auch für die meisten eingebetteten Systeme stellt eine Vernetzung eine Haupteigenschaft dar und ist zwingend notwendig. Daher sollen im
Folgenden einige grundlegende und wichtige Eigenschaften von Vernetzung und Kommunikation vorgestellt werden.

Zur Datenübertragung können die eingebetteten Systeme durch einfache Punkt-zu-
Punkt Verbindungen oder Bussysteme verbunden werden. Ein Bussystem ist ein System zur Datenübertragung zwischen mehreren Busteilnehmern oder Knoten, die ein
gemeinsames Übertragungsmedium nutzen. Grundlegende Eigenschaften von Bussystemen sind in Abb. 11.3 dargestellt. Es gibt eine Vielzahl an unterschiedlichen
Bussystemen, die im Hinblick auf ihre Eigenschaften, Anforderungen und Übertragungsmedien völlig unterschiedlich sind, wie z. B. CAN, SPI, Ethernet oder PROFINET.

Der Datenaustausch zwischen den Knoten eines Netzwerks kann sehr komplex werden, da dabei digitale Daten in der richtigen Reihenfolge über ein physikalisches Übertragungsmedium übertragen werden müssen, sodass eine Umwandlung der digitalen
Daten in die physikalische Repräsentierung notwendig ist. Zudem sind in der Regel
mehrere Knoten an einem Bussystem angeschlossen, unter Umständen mit unterschiedlichen Übertragungswegen, sodass es irgendeine Art von Adressierung und Pfadplanung
für die Daten geben muss. Um den Zugriff auf die gemeinsame Busleitung zu kontrollieren wird ein entsprechendes Protokoll benötigt.

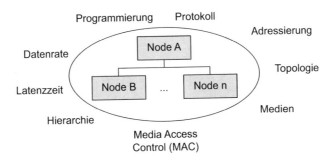

Abb. 11.3 Grundlegende Eigenschaften von Bussystemen

Aber für den Anwender oder den Systementwickler sind die Details des Bussystems weniger interessant, sondern nur die Funktionalität der Datenübertragung. Von daher macht eine Abstraktion und Separation von Funktionalitäten Sinn, ähnlich wie bei den Schichten und der Abstraktion von Software-Stacks und Schichten der modularen Software.

Stellen wir uns das Netzwerk vor, das wir jeden Tag nutzen, das Internet. Für den Nutzer stehen die Anwendungen wie E-Mail, Web-Browser oder Ähnliche im Vordergrund, nicht, wie die Daten tatsächlich übertragen werden, ob über Kabel, Glasfaser oder drahtlos. Die Datenübertragung soll einfach funktionieren und die Anforderungen treffen, z. B. in Hinblick auf Datenrate und Zuverlässigkeit.

Um diesen Grad an Abstraktion zu erreichen wurde das OSI-Modell (Open Systems Interconnection) als Referenzmodell für Netzwerkprotokolle entwickelt. Dieses Modell standardisiert in der Norm ISO/IEC 7498-1 die Kommunikationsfunktionen ohne Berücksichtigung der zugrunde liegenden Technologie oder Übertragungsmedien, um die Austauschbarkeit von unterschiedlichen Kommunikationssystemen sicherzustellen und Standardprotokolle zu definieren [1].

In dem OSI-Modell wird das Kommunikationssystem in sieben Abstraktionsschichten unterteilt (Abb. 11.4). Jede Schicht bietet seine Funktionalität der darüber liegenden Schicht an und greift auf die Dienste der darunterliegenden Schicht zu. Jede der sieben Schichten implementiert eine dedizierte Unterfunktion der Kommunikation, z. B. die Umwandlung von digitalen in analoge Signale in Schicht 1, der Bitübertragungsschicht. Zwischen den Schichten gibt es standardisierte Schnittstellen. Ganz Ganze ähnelt damit stark den modularen Software-Stacks mit standardisierten Schnittstellen.

Im sendenden Knoten werden die Nutzdaten von der obersten Schicht bis zur untersten Bitübertragungsschicht weitergereicht. Nach der Übertragung über das Übertragungsmedium durchlaufen die Daten im empfangenden Knoten den umgekehrten Weg, von der Bitübertragungsschicht bis zur höchsten Schicht. Jede Schicht des

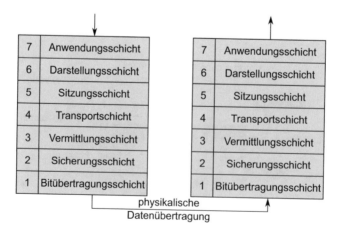

Abb. 11.4 OSI-Referenzmodell der Datenkommunikation

Abb. 11.5 PDU und SDU mit entsprechenden Overheads

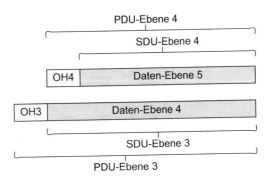

Sendeknotens fügt den Daten, die sie von der höheren Schicht erhält, zusätzliche Daten hinzu, den Overhead der jeweiligen Schicht (Abb. 11.5). Dieser Overhead enthält wichtige Informationen, die für die Funktionalität der Schicht wichtig sind und in der entsprechenden Schicht des Empfangsknotens benötigt werden. Für die darunterliegenden Schichten sind dieses Overheadinformationen irrelevant. Dies ist exemplarisch in Abb. 11.5 dargestellt. Im Sendeknoten empfängt Schicht 4 Daten von der darüber liegenden Schicht 5, die sogenannte SDU4 (Service Data Unit). Schicht 4 fügt ihren Overhead OH4 zu der SDU4 hinzu. So entsteht die PDU4 (Protocol Data Unit). Diese PDU4 wird dann zu Schicht 3 weitergeleitet und bildet dort die SDU3 – der Overhead OH4 und der Inhalt von SDU4 sind für diese Schicht nicht wichtig, Hier wird dann der neue Overhead als OH3 hinzugefügt, um die PDU3 zu bilden. Im Allgemeinen wird so aus der PDU der Schicht n + 1 die SDU von Schicht n.

Im Empfangsknoten wird das Ganze umgekehrt durchgeführt. Im dargestellten Beispiel erhält Schicht 3 die PDU3 von Schicht 2, extrahiert den Overhead OH3 und die SDU3 und reicht die SDU3 an Schicht 4 weiter, die die empfangenen Daten als PDU4 interpretiert.

Die Funktionalitäten jeder Schicht sind im OSI-Modell klar und eindeutig definiert (Abb. 11.6). Das Beispiel des TCP/IP-Protokolls, das auf Ethernet aufsetzt, zeigt die klare Abgrenzung zwischen den Schichten anhand der namensgebenden Schlagwörter (Abb. 11.7).

Anwendungs-orientiert	7	Anwendungsschicht	high-level API
	6	Darstellungsschicht	Übertragung der Daten zwischen Netzwerkdienst und Anwendung
	5	Sitzungsschicht	Verwaltung der Kommunikationssitzungen
Transportierende Schichten	4	Transportschicht	Zuverlässige Überragung von Datenabschnitten
	3	Vermittlungsschicht	Verwaltung von Netzwerken mit mehreren Knoten, z.B. Adressierung, Steuerung
	2	Sicherungsschicht	Übertragung von Datenframes
	1	Bitübertragungsschicht	Übertragung und Empfang von Rohdaten (Bitströme) auf einem physikalischen Medium

Abb. 11.6 Funktionalitäten des OSI-Modells

Anwendungs-orientiert	7	Anwendungsschicht	FTP/HTTP/SMTP/Telnet/...
	6	Darstellungsschicht	
	5	Sitzungsschicht	
Transportierende Schichten	4	Transportschicht	TCP/UDP
	3	Vermittlungsschicht	IP
	2	Sicherungsschicht	Ethernet MAC
	1	Bitübertragungsschicht	Ethernet PHY

Abb. 11.7 OSI-Modell des TCP/IP-Protokolls

Oberhalb der Ethernet-Schichten werden zum Beispiel die berühmten TCP/IP-Schichten definiert [2]. Darauf aufsetzend können Anwendungsschichten wie http (Hypertext Transfer Protocol) oder SMTP (Simple Mail Transfer Protocol) dem Anwender die gewünschten Anwendungen mit einem hohen Abstraktionsgrad zur Verfügung stellen, ohne dass die darunterliegenden Ethernetschichten relevant sind.

In der Regel müssen für Kommunikationssysteme nicht alle Schichten des OSI-Modells implementiert werden. Internet nutzt alle 7 Schichten, wie in Abb. 11.7 dargestellt, wohingegen CAN nur die Schichten 1 und 2 implementiert [4–6]. In der physikalischen Schicht werden die digitalen Signale in die differentiellen CAN Signale umgewandelt und umgekehrt. Diese Schicht wird in einer separaten und dedizierten Hardware realisiert, dem CAN Transceiver (Abb. 11.13). Die Sicherungsschicht 2 ist sehr häufig als Peripheriemodul direkt in einem Mikrocontroller implementiert, wie auch bei S7G2. Um die Kompatibilität zwischen Bauteilen unterschiedlicher Hersteller sicherzustellen, ist die Schnittstelle zwischen den beiden Schichten standardisiert und besteht beim CAN aus nur zwei Leitungen, eine Sendeleitung (TX) und eine Empfangsleitung (RX).

Die Schichten 3 bis 7 sind für eine reine CAN Kommunikation nicht spezifiziert und implementiert. Um die Anwenderfreundlichkeit zu erhöhen, gibt es gesonderte Spezifizierungen der Anwendungsschicht 7, z. B. CANopen für Automatisierungssysteme.

Wie am Beispiel Ethernet mit darüber liegenden Schichten 3 bis 7 gut zu erkennen ist, sind diese Schichten reine Software-Implementierungen. Das Aufsetzen der Kommunikation benötigt daher eine große Kenntnis des Bussystems, des Aufbaus und Realisierung der Kommunikationsstacks in Schichten 3 bis 7, wenn dies von Grund auf neu aufgesetzt wird. Daher ist der Einsatz von geeigneter Middleware oder vorhandener Kommunikationsstacks sehr wichtig um die Einrichtung der Kommunikation möglichst zu vereinfachen und den Aufwand möglichst gering zu halten.

Busteilnehmer können innerhalb eines Netzwerks in unterschiedlichen Topologien zusammengeschlossen werden. Dabei bezeichnet die Topologie die geometrische Anordnung der Busteilnehmer. Wichtige Topologien sind die Punkt-zu-Punkt-Verbindung, die Ring-, Bus- oder Sterntopologie (Abb. 11.8) [3].

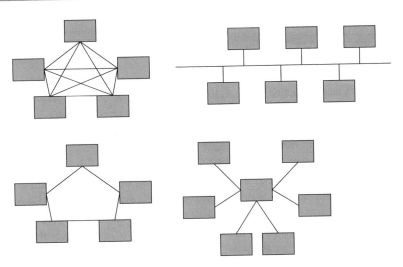

Abb. 11.8 Unterschiedliche Bustopologien: Punkt-zu-Punkt- (oben links), Ring- (unten links), Bus- (oben rechts) und Sterntopologie (unten rechts)

Je nachdem, ob sie selbstständig auf den Bus zugreifen und somit einen Datentransfer starten dürfen oder nur nach der Anforderung durch einen anderen Busteilnehmer, können die Busteilnehmer in zwei Hierarchien unterteilt werden. Master dürfen selbständig auf den Bus zugreifen und koordiniert zudem noch unter Umständen den Datenaustausch zwischen den Busteilnehmern. Ein Slave dagegen werden nur aktiv, wenn sie von einem Master zum Datentransfer aufgefordert werden.

Im einfachsten Fall hat der Bus nur einen Master und zahlreiche Slaves. Der Master koordiniert und kontrolliert sämtliche Buszugriffe, sodass der Zugriff auf den Bus einfach zu konfigurieren ist. Sind dagegen mehrere Busmaster vorhanden, so muss der Zugriff auf den Bus durch geeignete Zugriffsverfahren geregelt werden. Die Busarbitrierung kann dabei zentral, dezentral oder zeitlich gesteuert sein oder nach Bedarf erfolgen.

Beispiel für die zentrale Zugriffssteuerung ist der bereits erwähnte Master-Slave-Bus mit nur einem Master. Dieser Master steuert die komplette Kommunikation zentral und kann somit die Buszugriffe gemäß den Anforderungen und Prioritäten der Slaves kontrollieren. Damit ist die Kommunikation einfach planbar und deterministisch und damit echtzeitfähig. Fällt dabei der Master aus, so bricht die gesamte Kommunikation zusammen.

Beim TDMA-Verfahren (Time Division Multiple Access oder Zeitmultiplexverfahren) findet die Buszuteilung zeitlich gesteuert statt. Die Kommunikation wird zyklisch durchgeführt, in dem in jedem Zyklus jedem Busteilnehmer ein fester Zeitabschnitt für die Datenübertragung zugeordnet wird. Dadurch steht jedem Teilnehmer eine definierte und konstante Datenübertragungsrate zur Verfügung, die dem jeweiligen Anteil an der Zykluszeit entspricht. Damit ist auch dieses Verfahren sehr gut planbar, deterministisch und echtzeitfähig. Nachteilig ist, dass Zeitabschnitte ungenutzt bleiben, wenn der jeweilige Busteilnehmer keine Daten zu übertragen hat und somit die effektive Datenrate reduziert wird. Grundvoraussetzung für das TDMA-Verfahren ist, dass alle Teilnehmer synchron mit der gleichen Zeit laufen.

In Multi-Masterbussen ohne Slaves kommen häufig bedarfsgesteuerte Zugriffsverfahren zum Einsatz, um die Reaktivität der Kommunikation zu erhöhen. Bedarfsgesteuert bedeutet, dass die Teilnehmer auf den Bus zugreifen, oder es zumindest versuchen, sobald sie Daten zu übertragen haben und der Bus nicht belegt ist. Dazu muss jeder Teilnehmer ständig den Bus beobachten, um zu erkennen, ob gerade eine Datenübertragung läuft oder nicht. Dieses Verfahren wird zum Beispiel beim CSMA (Carrier Sense Multiple Access) eingesetzt. Alle Teilnehmer beobachten den Bus und starten bei Bedarf einen Datentransfer, wenn der Bus frei ist. Wenn zwei oder mehr Master gleichzeitig eine Übertragung auf dem gemeinsamen Busmedium starten, so kommt es zur Kollision, die aufgelöst werden muss. Beim CSMA/CR (Collision Resolution) findet eine bitweise Arbitrierung des Buszugriffs statt. Alle Sender beobachten weiterhin den Bus und kontrollieren bitweise, ob die empfangenen Daten mit den eigenen Sendedaten übereinstimmen. Wird eine Abweichung erkannt, d. h. der Sender will ein rezessives Bit senden, empfängt aber ein dominantes Bit, so stellt der Sender seine Übertragung ein und empfängt nur noch die ankommenden Daten. Somit setzt sich der Sender durch, der zu Beginn die meisten dominanten Bits überträgt. Dadurch kann eine Priorisierung der Nachrichten erfolgen, indem Daten mit einer hohen Priorität zu Beginn viele rezessive Bits senden. Die Arbitrierung durch das CSMA/CR-Verfahren ist beispielhaft für den CAN Bus mit zwei Busteilnehmer in Abb. 11.9 dargestellt. Die beiden Buszustände sind die logische „1" als rezessives Bit und die logische „0" als dominantes Bit. Die Übertragung einer CAN Nachricht beginnt mit einer SOF-Signalisierung (Start Of Frame) gefolgt von dem Identifier der CAN Nachricht. Dieser kennzeichnet sowohl den Inhalt der folgenden Nachricht als auch deren Priorität. Da der Identifier MSB-first übertragen wird, ist die Priorität umso höher, je kleiner die ID ist. Beide Teilnehmer starten gleichzeitig einen Zugriff auf den freien Bus. Sowohl beim SOF als auch bei den ersten ID-Bits werden die gleichen Daten übertragen, sodass beide Teilnehmer ihre Sendung fortsetzen. Beim Bit 2 der ID bemerkt der Teilnehmer 1, dass er ein dominantes Bit empfängt, er aber ein rezessives Bit senden will. Er erkennt so, dass ein anderer Teilnehmer eine wichtigere Nachricht senden will, bricht seinen eigenen Sendevorgang ab und empfängt im weiteren Verlauf die Daten von Teilnehmer 2.

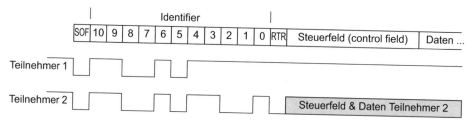

Abb. 11.9 Arbitrierung mittels CSMA/CR am Beispiel des CAN Bus mit zwei Teilnehmern

Durch das CSMA-Verfahren empfangen alle Teilnehmer gleichzeitig dieselben Daten und der Buszugriff ist bedarfsgesteuert und benötigt keine zentrale oder zeitliche Buszuteilung. Durch die Priorisierung können, wie beim CAN, wichtige Nachrichten bevorzugt versendet werden. Nachteilig an dem Verfahren ist, dass die Busausdehnung aufgrund des CSMA begrenzt ist und dass der Bus nur begrenzt echtzeitfähig ist, da die Latenzzeit für Nachrichten mit niedriger Priorität nicht deterministisch vorhergesagt werden kann. Um das Verfahren echtzeitfähig zu machen, muss eine sorgfältige Planung der Kommunikation, der Priorisierungen und der Wiederholraten der Nachrichten durchgeführt werden.

Ein wichtiges Thema, insbesondere bei verteilten Systemen, die nur mit einer korrekten Datenübertragung funktionieren, ist die Übertragungssicherheit der Kommunikation. Fehler bei der Datenübertragung, zum Beispiel in Form von Bitfehlern, können beispielsweise durch elektrische Störungen verursacht werden. Daher muss das Übertragungssystem die Datenintegrität sicherstellen, d. h. gewährleisten, dass die Daten beim Sender und Empfänger gleich sind bzw. möglichst erkennen, wenn dies nicht der Fall ist. Die Datenintegrität lässt sich durch die Restfehlerwahrscheinlichkeit R quantifizieren [7]:

$$R = V \cdot U \qquad (11.1)$$

Dabei ist V die Wahrscheinlichkeit, dass verfälschte Daten auftreten und U die Wahrscheinlichkeit, dass ein solcher Fehler nicht erkannt wird. Um die Restfehlerwahrscheinlichkeit zu minimieren, kann zunächst die Wahrscheinlichkeit für Fehler reduziert werden, indem beispielsweise geeignete störunanfällige Übertragungsmedien genutzt werden.

Eine verbreitete Methode zur Erhöhung der Datensicherheit bei der Übertragung besteht darin, durch Redundanz eine Fehlererkennung zu ermöglichen. Redundanz bezeichnet dann Informationen, die mehrfach vorhanden sind bzw. Informationen sind redundant, wenn sie ohne Informationsverlust weggelassen werden können. Durch das Verwenden von Redundanz kann geprüft werden, ob die Informationen der Daten und der redundanten Daten gleich ist oder ob es Abweichungen gibt. Abgesehen von der Datenintegrität bei der Datenübertragung wird die Methode der Redundanz auch häufig bei Speichern zur Fehlererkennung eingesetzt (Abb. 11.10).

Eine hardwaretechnische Möglichkeit, Redundanz zu verwenden, ist es, die gleichen Informationen auf zwei Leitungen zu übertragen. Wenn auf beiden Leitungen dir gleichen Informationen empfangen werden, ist die Wahrscheinlichkeit, dass die Daten korrekt übertragen wurden, sehr hoch, dass es sehr unwahrscheinlich ist, dass eine Störung auf beiden Leitungen zum gleichen Fehler führt. Diese Art der Redundanz wird im Flexray-Bus eingesetzt, um sicherheitskritische Daten zu prüfen. Allerdings bedeutet das einen verdoppelten Verdrahtungsaufwand, was häufig nicht erwünscht oder möglich ist.

Eine weitere Möglichkeit, Redundanz einzufügen, wäre, die Daten mehrfach zu senden und zu prüfen, ob die Daten gleich sind. Hierbei würden Fehler mit extrem hoher

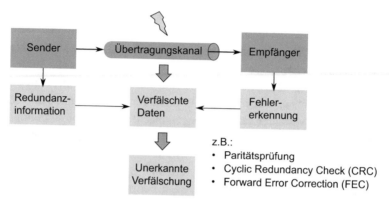

Abb. 11.10 Schematische Darstellung der Übertragungssicherung durch Redundanz in den Daten

Wahrscheinlichkeit erkannt, allerdings würde dadurch die Datenrate halbiert (bei doppelter Übertragung) und die Latenzzeit entsprechend erhöht.

Eine weit verbreitete Methode ist es, redundante Information zu den ursprünglichen Daten hinzu zu fügen. Die Daten einfach doppelt oder mehrfach zu senden, wäre eine sehr sichere Methode, da Fehler mit einer sehr hohen Wahrscheinlichkeit erkannt würden. Allerdings wird dadurch die Datenrate halbiert (bei doppelter Übertragung) und die Latenzzeit entsprechend erhöht. Bei Verfahren wie dem Paritätsbit oder einem CRC (Cyclic Redundancy Check) werden den Daten dagegen zusätzliche Kontrollbits hinzugefügt. Der Sender berechnet mittels der Sendedaten die Kontrollbits und fügt diese den ursprünglichen Daten hinzu. Dieses so gebildete Codewort wird übertragen. Der Empfänger führt mit den Daten die identischen Rechenoperationen aus und prüft, ob die Kontrollbits übereinstimmen. Auf diese Art und Weise können Fehler zu einem gewissen Maße und mit einer gewissen Wahrscheinlichkeit erkannt werden.

Die Fähigkeit zur Fehlererkennung kann über die sogenannte Hamming-Distanz beurteilt werden. Die Hamming-Distanz ist die minimale Anzahl unterschiedlicher Bits zweier benachbarter Codewörter (gültiger Bitfolgen, die übertragen werden, also Daten plus Redundanzinformationen). Damit gibt die Hamming-Distanz an, wie viele Bitfehler in einer Nachricht mindestens vorkommen müssen, bis eine fehlerhafte Übertragung nicht mehr erkannt wird. So bedeutet eine Hamming-Distanz von 6, dass bis zu 5 Bitfehler innerhalb einer Nachricht sicher erkannt werden können.

Das Prinzip der Redundanz kann am einfachen Beispiel des Paritätsbit dargestellt werden. Zur Datensicherung wird den n Nutzdaten ein Paritätsbit hinzugefügt, sodass ein Codewort mit $n + 1$ Bits entsteht. Der Wert des Paritätsbits bestimmt sich dann dadurch, dass die Quersumme des Codeworts entweder gerade oder ungerade ist, je nachdem, ob eine gerade oder ungerade Parität gebildet werden soll. Soll das Codewort gerade Parität haben und haben die Nutzdaten eine ungerade Anzahl an „1", so wird das Paritätsbit auf „1" gesetzt. Haben die Nutzdaten eine gerade Anzahl an „1", so wird das Paritätsbit auf „0" gesetzt. Es werden demnach nur Codewörter mit geraden Quersummen übertragen. Stellt der Empfänger bei der Prüfung fest, dass die Quersumme ungerade ist, so ist sicher ein Fehler aufgetreten. Der Abstand zwischen zwei gültigen Codewörtern und damit die Hamming-Distanz beträgt in diesem Fall gleich zwei. D. h. wenn zwei Bits des Codeworts verfälscht werden, so wird wieder ein gültiges Codewort erhalten und der Empfänger kann den Fehler nicht erkennen. Das bedeutet, dass beim Paritätsbit nur eine ungerade Anzahl an Bitfehlern erkannt werden können. Größere Hamming-Distanzen und damit eine bessere Fehlererkennung auch von Mehrfachfehlern bieten Verfahren wie das CRC-Verfahren.

Es hängt dann vom jeweiligen Kommunikationsprotokoll ab, wie nach der Erkennung von fehlerhaft übermittelten Daten weiter verfahren wird. So kann der Empfänger die fehlerhaften Daten einfach verwerfen, ohne den Sender zu informieren, oder der Empfänger meldet die Fehlübertragung an den Sender zurück. Dieser kann dann die Daten erneut versenden.

11.1 UART

Bei UART (Universal Asynchronous Receiver Transmitter) handelt es sich um eine serielle, asynchrone Schnittstelle, die häufig bei PCs und Mikrocontrollern verwendet wird [7]. Über zwei unidirektionalen Datenleitungen (RX, TX) können Daten im Halbduplex-Verfahren übertragen werden, die Datenraten können dabei zwischen 50 Bit/s und 500 kBit/s eingestellt werden (Abb. 11.11). Da die Übertragung asynchron erfolgt und es kein separates Taktsignal gibt, muss sich der Empfänger auf die empfangenen Daten synchronisieren. Um die Synchronisierung, die durch die Schaltflanken des Start- und Stoppbits sowie die eingestellte Baudrate erfolgt, zu gewährleisten, können nur kurze Datenpakete in einem festen Rahmen übertragen werden. Der Rahmen besteht aus einem Start-Bit, fünf bis neun Datenbits, einem optionalen Parity-Bit sowie einem Stoppbit.

Das UART Protokoll wird in der Regel als Hardwaremodul in ICs wie Mikrocontrollern realisiert. Die physikalische Schicht wird dann durch die Portfunktionalitäten dargestellt.

Die asynchrone UART Übertragung wird insbesondere bei der weit verbreiteten RS-232 Schnittstelle eingesetzt, die zusätzliche Komponenten wie Pegelumsetzer oder Stecker umfasst.

Abb. 11.11 UART
Schnittstelle zwischen zwei
Knoten

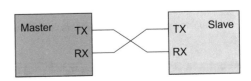

11.2 I²C

I²C (Inter-Integrated Circuit) ist ein serieller und synchroner Multi-Master-Bus, der, wie der Name schon impliziert, insbesondere für die Vernetzung zwischen ICs und/ oder Sensoren verwendet wird [8]. Die Datenrate kann bis zu 5 Mbit/s betragen. Nur die Schichten 1 und 2 sind für dieses weit verbreitete Bussystem spezifiziert. Die Datenübertragung findet über zwei Datenleitungen statt, einer Taktleitung (SCL) und einer Datenleitung (SDA). Bei der Übertragung werden die Daten im Non-Return-To-Zero Verfahren (NRZ) codiert. Die beiden Leitungen werden jeweils direkt von einem Mikrocontrollerport getrieben, der als Open-Drain konfiguriert ist. Die Bustopologie sowie das Kommunikationsprotokoll sind in Schicht 2 spezifiziert (Abb. 11.12). Die Adressierung findet beim I²C-Bus teilnehmerorientiert statt. Dazu haben die Busknoten jeweils eine 7- oder 10-Bit-Adresse. Der Datentransfer findet byteweise statt.

11.3 CAN

CAN (Controller Area Network) ist ein serielles Bussystem, das zunächst für den Einsatz im Automobil zur Vernetzung von Steuergeräten entwickelt wurde. Heute ist CAN auch in anderen Anwendungsbereichen weit verbreitet, so in der Automatisierungstechnik oder der Medizintechnik. Im CAN Standard ISO 11898 werden die Schichten 1 und 2 des OSI-Referenzmodells spezifiziert, wobei es für die physikalische Schicht zwei unterschiedliche Spezifikationen gibt. Beim High-Speed CAN ist eine Übertragungsrate von bis zu 1 Mbit/s möglich [5], der Low-Speed CAN ist bis 125 kBit/s spezifiziert [6]. CAN ist ein serieller Multi-Master Bus, der zumeist in Bustopologie aufgebaut wird. Als gemeinsames Übertragungsmedium wird eine verdrillte Zweidrahtleitung verwendet, die an den Enden mit 120 Ω Widerständen terminiert sind. Die Busteilnehmer werden über kurze Stichleitungen angebunden (Abb. 11.13).

Die physikalische Schicht des CAN wird in sogenannten CAN-Bustransceivern realisiert, dedizierten ICs für die CAN Kommunikation. Die Protokollschicht wird in der

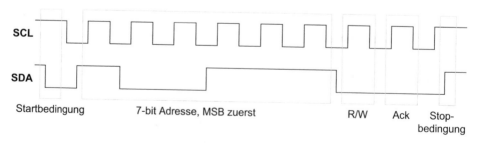

Abb. 11.12 I²C Kommunkation mit SCL und SDA Signalen

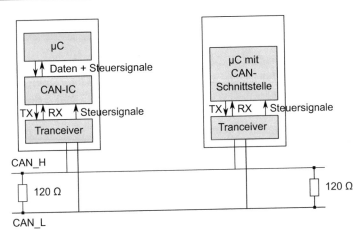

Abb. 11.13 Schematischer Aufbau eines CAN Bus mit zwei Busteilnehmern

Regel als Hardware-Modul eines Mikrocontrollers implementiert (Abb. 11.13 rechter CAN-Knoten), ist aber auch als separater IC verfügbar (Abb. 11.13 linker CAN-Knoten). Der Datenaustausch zwischen CAN-Transceiver und dem Protokollmodul findet über zwei digitale Leitungen, TX und RX, statt.

Das CAN Protokoll ist nachrichtenorientiert, prioritäts- und ereignisgesteuert und verwendet das CSMA/CR Verfahren für die Zugriffsregelung (Abb. 11.9). Dabei werden die Daten als Broadcast an alle Busteilnehmer gesendet. Der 11-Bit oder 29-Bit Identifier, der den Beginn einer CAN Nachricht bildet (nach einem SOF-Bit), kennzeichnet den Inhalt der folgenden Daten. Die Busteilnehmer können so beim Empfang einer Nachricht anhand des Identifiers entscheiden, ob die Daten relevant sind oder verworfen werden können (acceptance filtering). Zusätzlich wird der Identifier für die Arbitrierung des CSMA/CR Verfahrens verwendet. Das bedeutet, dass die Priorität einer Nachricht umso höher ist, je kleiner die ID ist. Aufgrund des CSMA/CR Verfahrens ist der CAN Bus nicht echtzeitfähig, kann aber durch sorgfältige Planung der Prioritäten und der Wiederholrate der Nachrichten quais-echtzeitfähig gemacht werden.

Gerade im Bereich der Automatisierungstechnik werden, aufbauend auf dem CAN Standard, auch Anwendungsschichten definiert, die direkt auf der Schicht 2 des CAN aufsetzen. So implementiert CANopen (EN 50325-4) eine Anwendungsschicht, um die Vernetzung von komplexen Geräten zu vereinfachen [9]. Dabei werden neben Kommunikationsprofilen auch Geräteprofile der Busteilnehmer definiert. Bis zu 127 logische Geräte können in einem CANopen-Netzwerk eingebunden werden, wobei ein Busteilnehmer als CANopen-Master fungiert und die anderen Teilnehmer dementsprechend als CANopen-Slaves.

11.4   Ethernet

Ethernet in all seinen Varianten und darüber liegenden Protokollen ist das mit Abstand dominierende Bussystem für Daten- und PC-Netzwerke weltweit. Der eigentliche Ethernet-Standard IEEE 802.3 spezifiziert dabei nur die Schichten 1 und 2 des OSI-Modells. Zahlreiche Sub-Standards definieren dann dedizierte Ethernet-Varianten wie Fast Ethernet (IEEE 802.3u) oder Gigabit Ethernet über Glasfaser (IEEE 802.3z) [10].

Neben zahlreichen anderen Gründen ist ein wichtiger Grund für die Erfolgsgeschichte der Ethernet-basierten Kommunikation die strikte Trennung der Schichten 1 und 2 des OSI-Modells, da dadurch das Protokoll von der physikalischen Übertragung unabhängig wird. Wie in Abb. 11.14 dargestellt steigt die maximale Datenrate von Ethernet in den letzten Jahren und Jahrzehnten rasant und erreicht heute 100 Gbit/s beim 100 Gigabit Ethernet. Eine Spezifikation für 400 Gbit/s ist bereits in der Entwicklung. Durch eine standardisierte Schnittstelle zur Protokollschicht, MII oder RMII (Media Independent Inteface bzw. Reduced Media Independent Interface), kann dabei die Implementierung der Schicht 2 als MAC-Controller in einem Mikrocontroller vielfach unverändert bleiben. Vor allem auch, wenn sich das Übertragungsmedium ändert, ein weiterer Erfolgsfaktor für Ethernet. Völlig unterschiedliche Übertragungsmedien können für die Datenübertragung verwendet werden, was eine sehr große Flexibilität ermöglicht. So ist es den Anwender bzw. sogar den MAC-Controller irrelevant, ob die Daten über Glasfaser, verdrillte Zweidrahtleitungen oder drahtlos übertragen werden.

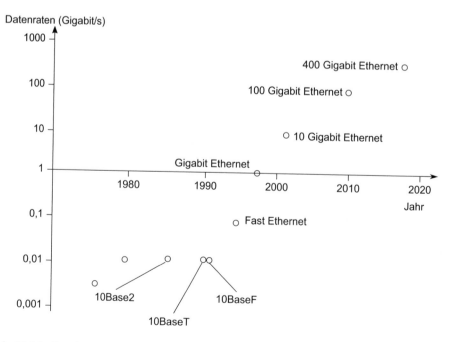

Abb. 11.14 Entwicklung der Datenrate von Ethernet

Ein dritter Erfolgsfaktor für Ethernet sind die höheren Schichten des OSI-Modells wie TCP/IP oder HTTP, die auf Ethernet aufsetzen und die Verbindung zur Anwendung darstellen.

Einige Grundlegende Eigenschaften von Ethernet:

- Teilnehmeradressierung mit festen Adressen pro Knoten
- Ereignisgesteuerte Kommunikation
- Paketorientiertes Protokoll
- Broadcast-Übertragung an alle Teilnehmer
- Multi-Master-Bus
- Unterschiedliche Hierarchien
- Zahlreiche Übertragungsmedien (z. B. Glasfaser, Funk, Koaxialkabel)
- CSMA/CD Buszugriffsverfahren

Aufgrund des CSMA/CD Buszugriffsverfahrens können immer wieder Kollisionen von Nachrichten auftreten, wenn zwei oder mehrere Busteilnehmer gleichzeitig auf den Bus zugreifen. Da im Falle eine Kollision die Datenübertragung von allen Sendern eingestellt wird und nach einer zufällig gewählten Zeit wiederholt wird, ist die Latenzzeit der Datenübertragung undefiniert. Daher ist die ursprüngliche Ethernet-Kommunikation nicht-deterministisch und nicht echtzeitfähig. Diese Einschränkungen müssen beim Einsatz von Ethernet in Echtzeitanwendungen berücksichtigt werden. Es gibt einige Methoden, um Ethernet (mehr oder weniger) echtzeitfähig zu machen, insbesondere für automotive Anwendungen sind Spezifikationen wie BroadR-Reach derzeit in der Entwicklung. Beispiele aus dem Bereich der Automatisierungstechnik sind EtherNet/IP, Profinet oder EtherCAT.

Die Adressierung findet bei Ethernet streng teilnehmerorientiert statt und jeder Knoten bekommt eine eindeutige 48-Bit MAC-Adresse (Abb. 11.15), die von einer IEEE Organisation vergeben werden. Für lokale Netzwerke können auch individuelle MAC-Adressen zugewiesen werden, die nur innerhalb des lokalen Netzwerks eindeutig sind.

Eine Ethernet-Nachricht kann 64 bis 1519 Bytes groß sein und enthält bis zu 1500 Bytes an Nutzdaten (Abb. 11.16). Für die eindeutige Identifizierung von Sender und Empfänger einer Nachricht werden die Sender- und Empfänger-MAC-Adressen in der Nachricht mitversendet. Für die Datensicherheit wird am Ende der Nachricht ein 4-Byte CRC-Feld eingefügt, das eine Hamming-Distanz von 3 realisiert.

I/G	U/L	Organisatorisch einzigartige ID	Geräte ID
1 bit	1 bit	22 bit	24 bit

Abb. 11.15 Aufbau der MAC-Adresse

optional (IEEE 802.1Q)

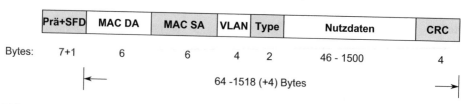

Prä+SFD	MAC DA	MAC SA	VLAN	Type	Nutzdaten	CRC

Bytes: 7+1   6   6   4   2   46 - 1500   4

64 -1518 (+4) Bytes

Abb. 11.16 Aufbau eines Ethernet-Frames

Abb. 11.17 Trennung von
Ethernet MAC und PHY mit
standardisierter Schnittstelle

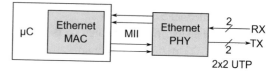

Wie beim CAN spiegelt der Hardwareaufbau von Ethernet die strikte Trennung der beiden Schichten 1 und 2 des OSI-Modells wider (Abb. 11.17). Der Ethernet MAC-Controller ist Teil eines Mikrocontrollers, wohingegen die physikalische Schicht in einem separaten Transceiver, dem PHY, realisiert wird.

Die Protokoll oberhalb der Ethernet-Schichten definieren die Funktionalität, die der Anwender nutzen will, und sind die Grundlage für viele Applikationen, insbesondere bei IoT und Industrie 4.0 Systemen (Abb. 11.7). Die IP-Schicht (Internet Protocol) definiert das Routing der Daten in Paketen durch das Netzwerk. Dabei findet die Adressierung mittels der IP-Adressen statt. Jedes internetfähige Bauteil hat eine eindeutige logische IP-Adresse, z. B. 160.54.16.132 als IPv4-Adresse. Derzeit werden zwei IP-Standards eingesetzt, IPv4 (RFC 791) und IPv6 (RFC 2460) [11, 12]. Im Gegensatz zum IPv4, das maximal 12 Zeichen für die Adresse nutzt, hat IPv6 32 Zeichen für die Adresse, was in einer riesigen Anzahl an eindeutigen IP-Adressen resultiert – $340 \cdot 10^{36}$ Adressen. Mehr als ausreichend, um alles miteinander im Internet zu verbinden – willkommen im Internet of Things!

Für die Schicht 4 des OSI-Modells sind zwei unterschiedliche Protokolle standardisiert und im Einsatz. TCP (Transmission Control Protocol, RFC 7323) ist ein verbindungsorientiertes und paketbasiertes Netzwerkprotokoll, das definiert, wie Daten zwischen Netzwerkknoten ausgetauscht werden sollen. Es stellt dazu eine Verbindung zwischen zwei Endpunkten einer Verbindung her, die bidirektional genutzt werden kann. Um die sichere Datenübertragung zu gewährleisten werden entsprechende Fehlererkennungsmechanismen eingesetzt und die erfolgreiche Übertragung überprüft. Aufgrund der nicht-deterministisch hohen Latenzzeit ist der Einsatz in Echtzeitsystemen schwierig. Zusammen mit der darunterliegenden IP-Schicht bildet TCP das berühmte TCP/IP-Protokoll, das die Basis für die meisten Internetanwendungen wie www oder E-Mail darstellt.

Das zweite wichtige Protokoll für die Schicht 4 ist UDP (User Datagram Protocol, RFC 768), ein verbindungsloses und ungesichertes Übertragungsprotokoll [13]. Im Gegensatz zu TCP gibt es bei UDP keine Fehlererkennung und keine Überprüfung der erfolgreichen Datenübertragung. Die Latenzzeit ist kleiner als bei TCP. Hauptanwendungsgebiet für UDP sind Multimedia-Anwendungen.

Oberhalb von TCP und UDP befinden sich im OSI-Modell die Anwendungsschichten, die Funktionalitäten für verteilte Systeme zur Verfügung stellen:

- HTTP (Hypertext Transfer Protocol): Webserver und Netzwerk-Management
- POP3 (Post Office Protocol), SMTP (Simple Mail Transfer Protocol): E-Mail
- TFP (File Transfer Protocol), Telnet: Datentransferprotokolle

11.5 USB

USB (Universal Serial Bus) ist ein Bussystem für die Kommunikation und die Stromversorgung zwischen Computern und elektronischen Geräten mittels standardisierter Verbindungen (IEC 62680) [14]. Die standardisierten Verbindungen umfassen Kabel und Stecker ebenso wie das Protokoll. USB ist sehr einfach zu verwenden (einfach Einstecken, wie z. B. ein Flash-Speicherstick), zuverlässig und der Datentransfer findet mit einer hohen Datenrate statt. Zusätzlich können Geräte, zumindest in einem gewissen Maße, per USB mit Stromversorgt werden – so wie das Starter Kit, das im Praxisprojekt eingesetzt wird. So kann beim USB 2.0 die Stromstärke maximal 0.5 A betragen und damit eine Leistung von maximal 2.5 W übertragen werden. In der USB-PD (Power Delivery) Spezifikation sind bis zu 5 A bzw. 100 W möglich. Der Bus ist weltweit verbreitet, um alle Art von elektronischen Bauteilen zu verbinden, so wie Computer, Peripheriegeräte (z. B. Tastatur, Maus, Drucker) und mobile Geräte wie Kameras oder Smartphones.

Die Architektur von USB ist eine asymmetrische Master-Slave Architektur (Abb. 11.18). Der sogenannte Host, z. B. der USB eines PCs, agiert als Master für die USB Kommunikation und steuert die gesamte Kommunikation. Das Peripheriegerät (Device) stellt dann den Slave der USB Kommunikation dar, der nur auf Anforderung vom Master agiert.

Derzeit sind vorwiegend zwei USB Spezifikationen im Gebrauch, USB 2.0 und USB 3.0. USB 2.0 unterstützt Datenraten bis zu 480 Mbit/s im High-Speed-Mode. Bei dieser Datenrate beträgt die maximale Kabellänge für die Verbindung ca. 5 m. Aus Kompatibilitätsgründen mit älteren Komponenten ist es abwärtskompatibel zu USB 1.1. USB 3.0 weist dagegen eine Datenrate bis zu 5 Gbit/s auf, für Kabellängen von bis zu 3 m. Angeschlossene Devices können bis zu 900 mA mit Strom versorgt werden. USB 3.0 ist wiederum abwärtskompatibel zu USB 2.0.

Die Anzahl an unterschiedlichen Geräten, die an einen USB Host angeschlossen werden können, ist unüberschaubar. Um die Notwendigkeit von individuellen Treibern für

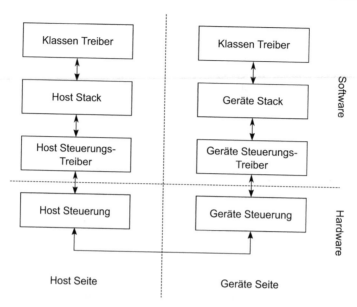

Abb. 11.18 Architektur von USB

jedes einzelne Gerät zu vermeiden, werden die Devices in Klassen zusammengefasst. Alle Geräte einer Klasse werden durch einen generischen Treiber angesprochen, es wird kein gerätespezifischer Treiber benötigt. Klassen sind zum Beispiel HID (Human Interface Device) wie Tastatur oder Maus, CDC (Communication Device Class) wie WLAN-Adapter oder Modems und Speicherelemente wie SWB Sticks, Festplatten oder MP3 Player.

11.6 Synergy Vernetzungslösungen

Die Kommunikation über Bussysteme benötigt, wie oben dargestellt, in der Regel sowohl Hardware- als auch Softwarekomponenten. Die Renesas Synergy Plattform stellt eine Vielzahl von Modulen zur Vernetzung zur Verfügung, die die benötigte Kompatibilität der Hard- und Software für die komplexen Bussysteme sicherstellt, um die Kommunikation möglichst einfach realisieren zu können. Die Hardware der Mikrocontroller besitzt dazu die Peripheriemodule, um die benötigten Funktionalitäten, wie zum Beispiel die CAN Sicherungsschicht, darzustellen. Über die zugehörigen Ports mit ihren Funktionen kann dann der Austausch mit den externen Komponenten stattfinden, z. B. dem CAN Transceiver für die physikalische Schicht oder als direkte Busverbindung im Falle von I2C oder SPI.

Die Software-Module für die Vernetzung finden sich über das gesamte SSP verstreut (Abb. 7.6). Die Hardwareabstraktionsschicht beinhaltet Low-Level Treiber wie das CAN-Modul oder den Ethernet MAC Controller. Kommunikationsmodule mit höherer Komplexität finden sich in dem Application Framework, z. B. für I^{2}C oder SPI Kommunikation. Für noch komplexere Kommunikation stellt die Middleware zur Verfügung, z. B. in Form von Modulen von Express Logic für Ethernet/TCP/IP oder USB [15, 16].

11.6.1 I^{2}C

Implementierungen von I^{2}C-Modulen finden sich an unterschiedlichen Stellen des SSP. Zunächst weist die Hardwareabstraktionsschicht I^{2}C-Module auf. Zwei RIIC Treiber implementieren zwei separate HAL Schnittstellen für I^{2}C, die eine implementiert die I^{2}C-Masterschnittstelle (RIIC HAL), die andere die I^{2}C-Slaveschnittstelle (RIIC Slave HAL). Beide RIIC Treiber sind Interrupt-gesteuert und unterstützen den I^{2}C normal-mode (bis 100 kbit/s), fast-mode (bis 400 kbit/s) und fast-mode plus (1 Mbit/s auf dedizierten Kanälen des S7G2 und S5D9). Sowohl 7- als auch 10-Bit-Adressierung ist möglich.

Auch kann das SCI Peripheriemodul des Mikrocontrollers für die I^{2}C-Kommunikation verwendet werden. Der SCI_I2C Treiber kann nur die Masterfunktionalität mit bis zu 400 kbit/s (fast-mode) und 7- und 10-Bit-Adressierung darstellen. Der Speicherbedarf für jedes HAL I^{2}C-Modul beträgt etwa 5 kB. Die Verwendung dieser Module in e^{2}studio ist sehr einfach, sie können durch Driver->Connectivity einfach zu einem Thread hinzugefügt werden. Die Konfiguration des Moduls wird dann wie gehabt in dem Property-Tab durchgeführt.

I^{2}C ist auch ein Teil des Application Frameworks. Das I^{2}C-Framework ist direkt in ThreadX^{TM} integriert und abstrahiert die Software-Schnittstelle für den I^{2}C Treiber. Es handhabt zudem die Integration und Synchronisation von mehreren I^{2}C-Knoten auf einem I^{2}C-Bus. Wie in Abb. 11.19 dargestellt nutzt das I^{2}C-Framework die Low-Level I^{2}C-Treiber und die SCI Treiber für die I^{2}C-Kommunikation.

11.6.2 Ethernet und TCP/IP

Offensichtlich sind Ethernet und die darüber definierten Schichten komplex und das Einrichten und die Nutzung ist ziemlich schwierig, wenn es von Grund auf neu aufgesetzt werden muss. Daher ist der Einsatz einer dedizierten Middleware, die die gewünschte Funktionalität zur Verfügung stellt und die Komplexität soweit wie möglich abstrahiert, sehr hilfreich. Die Middleware NetX^{TM} und NetX Duo^{TM} von Express Logic implementiert einen TCP/IP Protokollstack für das SSP, zudem auch in einem Anwendungspaket zahlreiche Protokolle für die Schichten 5 bis 7 (Abb. 11.20) [17, 18].

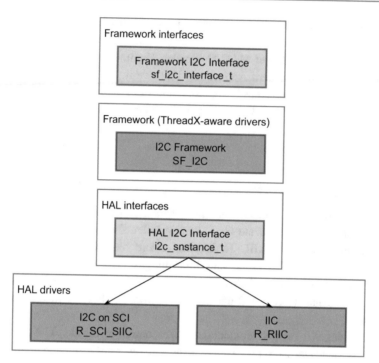

Abb. 11.19 I2C Framework-Stack

Die Middleware ist im Hinblick auf die Anforderungen von eingebetteten Systemen optimiert. So werden zum Beispiel nur die Dienste, die von der Anwendung benötigt werden, in der finalen Software eingebunden, um den Speicherbedarf so gering wie möglich zu halten (Tab. 11.1). Sowohl NetX™ und NetX Duo™ sind voll in ThreadX® integriert und können mittels TraceX® analysiert werden.

NetX™ unterstützt den IPv4 Standard und stellt eine API zur Verfügung, die mit dem BSD Socket (Berkeley Software Distribution) kompatibel ist. Der Satz an Protokollkomponenten umfasst den TCP/IP Stack ebenso wie UDP und ARP (Address Resolution Protocol, RFC826), zudem gebräuchliche Protokolle aus den höheren Schichten wie HTTP, DHCP (Dynamic Host Configuration Protocol), DNS (Domain Name Server), FTP, MQTT (Message Queuing Telemetry Transport) und viele andere.

NetX Duo™ weist im Vergleich zu NetX™ noch zusätzliche Funktionalitäten auf, so unterstützt es zusätzlich noch IPv6 und weitere Features wie IPsec mit IKEv2 (Internet-Key-Exchange Protokoll) für eine sichere Kommunikation. NetX Duo™ ist bereits durch das IPv6 Forum mit einem Phase-II IPv6-Ready Logo zertifiziert. Wie in Tab. 11.2 aufgeführt ist NetX Duo™ durch den SGS-TÜV Saar für den Einsatz in sicherheitskritischen Anwendungen zertifiziert, so für medizinische Systeme, Industrieanlagen oder Automobilanwendungen.

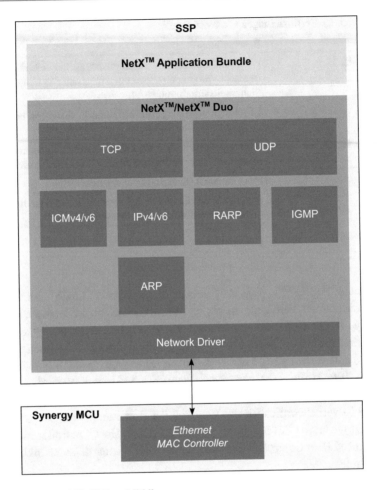

Abb. 11.20 NetX und NetX Duo Middleware

Tab. 11.1 Speicherbedarf
einer IoT Anwendung für UDP

Modul	ROM (Bytes)	RAM (Bytes)
IP	3996	140
Packet	1040	8
ARP	2050	0
UDP	2220	0
Gesamt	9306	148

Tab. 11.2 Wichtige Zertifizierungen von NetX Duo™

Zertifikat	Beschreibung
IEC-61508 SIL 4	Funktionale Sicherheit sicherheitsbezogener elektrischer/elektronischer/programmierbarer elektronischer Systeme, höchste Sicherheitsanforderungsstufe
IEC-62304 SW Safety Class C	Lebenszyklusprozesse für medizinische Software, höchste Sicherheitsklasse
ISO 26262 ASIL D	Funktionale Sicherheit für sicherheitsrelevante elektrische/elektronische Systeme im Kraftfahrzeug, höchster Sicherheitslevel
EN 50128	Sicherheitsrelevante Software der Eisenbahn
UL/IEC 60730	Automatische elektrische Regel- und Steuergeräte für den Hausgebrauch und ähnliche Anwendungen

11.6.3 USB

Das SSP nutzt USBX™, eine Middleware von Express Logic, um eine große USB-Funktionalität zur Verfügung zu stellen. Wie schon andere Middleware Module von Express Logic ist auch USBX™ im Hinblick auf eine hohe Leistungsfähigkeit und einen geringen Speicherbedarf optimiert. USBX™ weist sowohl einen Host als auch einen Device Stack auf und unterstützt USB 1.1 und USB 2.0 mit Datenraten bis 480 Mbit/s [19, 20].

Der USB Host-Mode wird verwendet, wenn der Mikrocontroller als USB Master fungiert (Abb. 11.21). Der USB Stack erkennt den Anschluss und das Entfernen von Devices und ist verantwortlich für das Protokoll der Kommunikation. Der USB Controller unterstützt wichtige USB Standards wie OHCI (Open Host Controller Interface) und EHCI (Enhanced Host Controller Interface) sowie USB Standardklassen inkl. HID, CDC und Speicherelemente.

Der USB Device Stack wird verwendet, wenn der Mikrocontroller als Slave verwendet wird. Wieder werden die Standardklassen wie im Hos-Mode unterstützt.

Abb. 11.21 Blockdiagramm
des USB Hoststacks

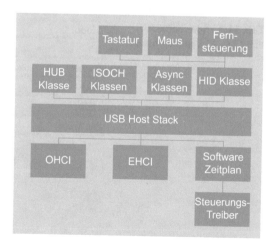

Literatur

1. ISO/IEC 7498-1:1994-11
2. RFC 7323 TCP Extensions for High Performance (2015)
3. Zimmermann W, Schmidgal R (2014) Bussysteme in der Fahrzeugtechnik, Springer Vieweg, Wiesbaden
4. ISO 11898-1:2015
5. ISO 11898-2:2016
6. ISO 11898-3:2006
7. Werner M (2017) Nachrichtentechnik, Springer Vieweg, Wiesbaden
8. I^2C-bus specification and user manual (2014) Rev.6, NXP, UM10204.pdf
9. DIN EN 50325-4:2003-07
10. http://www.ieee802.org/ Zugegriffen: 18. Mai 2018
11. http://www.rfc-base.org/rfc-791.html Zugegriffen: 18. Mai 2018
12. http://www.rfc-base.org/rfc-2460.html Zugegriffen: 18. Mai 2018
13. http://www.rfc-base.org/rfc-768.html Zugegriffen: 18. Mai 2018
14. http://www.usb.org/ Zugegriffen: 18. Mai 2018
15. Renesas Synergy Software Package (SSP) User's Manual (2016) v1.2.0-b.1, Rev.0.96., Renesas Electronics
16. Synergy™ Software Package (SSP) Datasheet (2017) v1.2.0, Rev.1.34, Renesas Electronics
17. NetX™ User Guide (2016) Rev.5.90, Renesas Electronics
18. NetX Duo™ User Guide (2016) Rev.5.90, Renesas Electronics
19. USBX™ Host Stack User's Manual (2015) Rev.5, Renesas Electronics
20. USBX™ Device Stack User's Manual (2015) Rev.5, Renesas Electronics

Entwicklung und Test von eingebetteten Systemen

Die Entwicklung von eingebetteten Systemen erfordert aufgrund ihrer Komplexität und Vielschichtigkeit eine strukturierte und zuverlässige Vorgehensweise. Das System muss mit der Umgebung interagieren, in der Regel mit dedizierten Echtzeitanforderungen, und muss dabei eine korrekte und zuverlässige Funktionsweise nicht nur aufweisen, sondern diese muss auch nachgewiesen werden. Das alles unter strikten Anforderungen an den Preis, das Gewicht, die Leistungsaufnahme und vieles mehr. Es gibt für die Entwicklung viele unterschiedliche Ansätze und Entwicklungsmodelle, die je nach System oder Anwendungsbereich Vor- und Nachteile haben. Ein wichtiges Entwicklungsmodell, das aus der Softwareentwicklung stammt und auch für eingebettete Systeme vielfach angewendet wird, ist das sogenannte V-Modell, das insbesondere auch einen Schwerpunkt auf die Testaktivitäten legt (Abb. 12.1) [1]. Der linke, absteigende Ast stellt den Entwurfsaktivitäten dar, wohingegen auf dem ansteigenden rechten Ast die korrespondierenden Implementierungs- und Testaktivitäten gegenübergestellt werden. Jeder Entwicklungsschritt auf dem absteigenden Ast weist einen höheren Detaillierungsgrad in dem Top-Down-Entwicklungsprozess auf. Dagegen erfolgt die Implementierung der einzelnen Komponenten zum Gesamtsystem in einem Bottom-Up-Ansatz, der sich auch in den Tests wiederspiegelt.

Bei modernen eingebetteten Systemen liegt der Schwerpunkt der Entwicklung häufig nicht mehr auf den elektrotechnischen oder mechanischen Komponenten, sondern in der Software, die dann die Funktionalität des Systems bestimmt. Insbesondere für komplexe Systeme ist daher ein hoher Abstraktionsgrad von der hardwaretechnischen Implementierung hin zu einer konzeptionellen Modellebene sehr wichtig, um die Entwicklungskomplexität zu reduzieren.

Das Thema Testen, Validation und Verifikation von (eingebetteten) Systemen ist ein sehr Wichtiges, das auf keinen Fall vernachlässigt werden darf. Dies wird umso wichtiger, um so komplexer die Systeme werden und je größer die Anforderungen mit Hinblick

F. Hüning, *Embedded Systems für IoT*,
https://doi.org/10.1007/978-3-662-57901-5_12

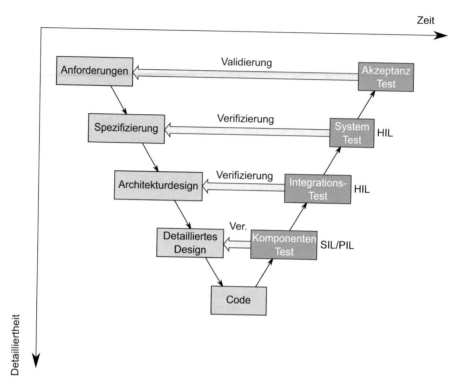

Abb. 12.1 V-Modell der modellbasierten Entwicklung

auf die Sicherheit werden, z. B. bei sicherheitskritischen Anwendungen wie dem Notbremsassistenten im Auto.

Verifikation ist die Überprüfung, ob das entwickelte System mit der Spezifikation
übereinstimmt, also konkret die Frage, ob das korrekte System entwickelt wird. Validation dagegen ist die Überprüfung, ob sich das entwickelte System für den Einsatzzweck
tatsächlich eignet und ob die Nutzungsziele erfüllt sind und daher die Frage, ob das richtige System entwickelt wird [1].

Ziel der Verifikation ist die Fehlerdetektion im Hinblick auf die Spezifikation bzw.
die Anforderungen mithilfe des Testens. Testen ist der Versuch, Fehler bzw. Fehlverhalten, zu detektieren und zu beheben, wobei klar sein muss, dass es unmöglich ist,
alle Fehler zu finden. Genauer gesagt ist es unmöglich nachzuweisen, dass alle Fehler
gefunden wurden, d. h. potenziell weisen alle Systeme noch Fehler auf. Daher wird in
der Regel so lange getestet, bis es (sehr) unwahrscheinlich ist, dass noch Fehler vorhanden sind bzw. dass diese gefunden werden können. Bei eingebetteten Systemen,
deren Funktionalität sehr durch die Software bestimmt wird, muss daher insbesondere
diese intensiv getestet werden, um Bugs (Software-Fehler) zu finden. Dabei kann sich

ein Bug in verschiedenen Arten äußern, nicht nur in der Software bzw. dem System, sondern auch in der Dokumentation:

- Das geforderte Verhakten wird nicht generiert
- Fehlverhalten
- Generierung eines nicht dokumentierten Verhaltens
- Nicht-Einhalten von Anwendungsanforderungen wie Zeitverhalten
- Fehler in den Anforderungen bzw. der Spezifikation

Um Fehler zu finden, wird das System in definierter Weise angeregt (z. B. durch Eingangssignale der Sensoren), das Anwendungsprogramm ausgeführt und die Reaktion des Systems beobachtet. Das beobachtete Verhalten wird dann auf Korrektheit kontrolliert, indem es mit einem Referenzverhalten verglichen wird. So kann durch den Vergleich ein Fehlverhalten identifiziert werden. Wird ein Fehlverhalten erkannt, so muss der Fehler, der dazu führt, durch das Debuggen des Systems bzw. der Software, gefunden und behoben werden.

Das Referenzverhalten des Systems kann unterschiedlich generiert werden. Zum einen durch den Tester, der die beobachtete Reaktion mit der Spezifikation manuell abgleicht und so über die Korrektheit entscheidet. Zum anderen kann ein Model des Systems (z. B. in Form eines Simulink-Modells) als Referenz verwendet werden, oder es werden ältere Programm- oder Systemversionen als Referenz verwendet.

Je nach Situation und Anwendung können unterschiedliche Testtechnologien zum Einsatz kommen:

- Exploratives Testen: Der Tester kontrolliert die Tests während der Testdurchführung und verbessert sie basierend auf den beim Testen gewonnen Informationen und Erkenntnissen sowie den eigenen Erfahrungen. Ein erfahrener und gründlicher Tester kann so viele Fehler entdecken. Dabei wird in der Regel aber nicht geprüft, ob alles getestet wurde, sodass es in der Regel noch große Testlücken gibt (z. B. Softwaremodule, die nicht getestet wurden).
- White Box Testing: Das Testen wird mit Kenntnis der Software durchgeführt und wird auch als strukturelles Testen bezeichnet. Dadurch kann eine gute Testabdeckung erreicht werden, insbesondere auch von Grenz- und Spezialfällen. Dazu muss natürlich die vollständige Software vorliegen, alles, was nicht implementiert ist, kann nicht getestet werden. Zudem kann der Fokus auf die detaillierte Implementierung den Blick auf das Gesamtsystem stören, sodass Systemfehler eventuell nicht entdeckt werden.
- Black Box Testing: Das Testen wird auf Basis der funktionalen Spezifikation durchgeführt, ohne Kenntnisse der tatsächlichen Implementierung. Wird häufig auch als funktionales Testen bezeichnet. Idee ist zu prüfen, was das System tut, nicht wie es das tut. Vorteile dieser Technologie liegen in der Unabhängigkeit der Tests von der Software bzw. dem System, sodass die Wahrscheinlichkeit reduziert wird, dass ein Fehler in der Implementierung im Test wiederholt wird. Unterschiedliche Implementierungen können des Weiteren mit nur kleinen Änderungen der Tests getestet werden.

Nachteilig ist, dass unter Umständen nicht alle Grenzfälle getestet werden und dass es schwierig ist, alle Konstrukte des Systems zu prüfen.

Alle drei Testtechnologien haben ihre Berechtigung und werden daher auch eingesetzt. Das White Box Testing wird eingesetzt, um die Details der Implementierung zu testen und eine gute Testabdeckung im Hinblick auf den Code zu erreichen. Bei Black Box Testing wird der Fokus auf die Anforderungen an das System gelegt und geprüft, ob diese eingehalten werden. Im Endeffekt wird dadurch geprüft, ob das System korrekt funktioniert. Der explorative Test kann als eine Art Nutzer-Test angesehen werden, der Fehler finden soll, die sonst eventuell erst durch den Anwender entdeckt würden.

Auch während der Entwicklung können, je nach Anwendung und Komplexität des Systems, unterschiedliche Testmethoden zum Einsatz kommen:

- Unit-Test während der Entwicklung durch Entwickler
- Integrationstest durch von der Entwicklung unabhängige Testingenieure
- Systemtest durch Testingenieure
- Regressions- bzw. Abnahmetest zur Freigabe durch Testingenieure und evtl. Kunden

Das Testen sollte, abhängig von der Entwicklungsmethode, möglichst frühzeitig beginnen, um Fehler in einem frühen Entwicklungsstadium entdecken und beheben zu können. Dies reduziert die Kosten, die ein Fehler verursacht, erheblich und ermöglicht eine schnellere Entwicklungszeit. Abb. 12.2 zeigt eine schematische Darstellung, die

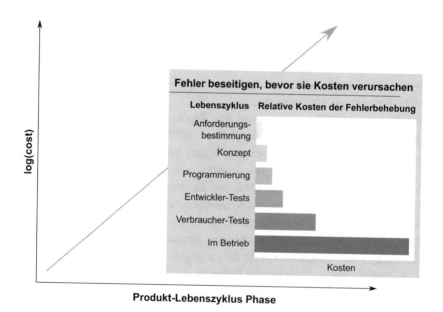

Abb. 12.2 Kosten für die Behebung eines Fehlers in Abhängigkeit vom Entwicklungsstadium

die Kosten für die Behebung eines Fehlers im Laufe einer Entwicklung darstellt. Werden Fehler sehr früh gefunden, zum Beispiel schon während der Modellierungsphase, dann sind sie einfach, schnell und ohne großen Aufwand zu beheben, sodass keine großen Kosten verursacht werden. Je weiter der Entwicklungsprozess voranschreitet, desto schwieriger wird es, Fehler zu finden. Wenn Fehler gefunden werden, dann müssen diese, in der Regel in einer früheren Entwicklungsphase, behoben werden und die Entwicklungsschritte müssen erneut durchlaufen werden. Neben dem monetären Aufwand bedeutet dies auch einen unter Umständen großen zeitlichen und arbeitstechnischen Aufwand. Wird zum Beispiel ein relevanter Fehler erst kurz vor dem Start der Serienproduktion (SOP) gefunden, so wird diese solange verschoben, bis der Fehler behoben ist. Sollte es dafür notwendig sein, den kompletten Entwicklungszyklus inklusiver aller Tests erneut zu durchlaufen, da die Behebung nur in einer frühen Entwicklungsphase möglich ist, so verzögert sich der SOP entsprechend. Das bedeutet im Weiteren, dass die Auslieferung und damit die Generierung von Umsatz später beginnt und dadurch enorme Kosten entstehen. Dabei sind noch nicht einmal eventuelle Konventionalstrafen des Kunden berücksichtigt, die ihren Schaden, der durch die Verschiebung des SOP entsteht, beim Hersteller geltend machen.

Das frühe Testen schließt das Testen von einzelnen Komponenten und Subsystemen mit ein, da diese eine geringe Komplexität und Größe aufweisen und damit einfacher, zuverlässiger und vollständiger zu testen sind. So können zum Beispiel bei einem Unit-Test einer Komponente viele Funktionen, Verhalten und Grenzfälle getestet werden, die im Gesamtsystem nicht oder nur mit sehr großem Aufwand zu testen sind. Die Ergebnisse des Unit-Tests können dann in die Gesamtbetrachtung der Tests des Gesamtsystems mit einfließen, sodass auf Systemebene unter Umständen nur noch Integrations- und Funktionstest notwendig sind und die einzelnen getesteten Komponenten als Black Box betrachtet werden können.

Der Aufwand, der für das Testen betrieben wird, hängt sicherlich stark von der Anwendung und vom Einsatzgebiet ab. Für die Entwicklung eines einfachen, kleinen eingebetteten Systems für eine Consumer-Anwendung ohne Sicherheitsanforderungen kann ein Testingenieur für mehrere Entwickler zuständig sein. Je komplexer die Systeme und je höher die Sicherheitsanforderungen werden, desto mehr Testingenieure müssen eingesetzt werden, um den Testaufwand zu leisten. Das kann für extrem sicherheitskritische Systeme, z. B. für autonome Fahrzeuge, durchaus zu Verhältnissen von Test- zu Entwicklungsingenieuren von 5 zu 1 führen – der fünffache Aufwand für das Testen im Vergleich zur Entwicklung! Dementsprechend können die Kosten für das Testen durchaus den Hauptanteil an den Entwicklungskosten ausmachen.

Wenn die Entwicklung eines eingebetteten Systems modellbasiert erfolgt, so kann ein konsistenter Ablauf des Testens vom Modell bis zum fertigen Komplettsystem durch sogenannte „in-the-loop" Tests gewährleistet werden, wie in Abb. 12.1 und 12.3 dargestellt.

Grundlage für die Tests der unterschiedlichen Stufen der „in-the-loop" Tests sind die Anforderungen des Systems, aus denen die jeweiligen Testfälle generiert werden. Somit

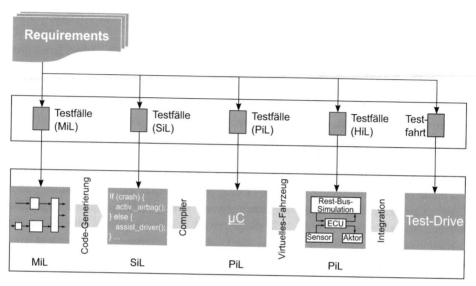

Abb. 12.3 „In-the-loop"-Tests vom Modell bis zum Realtest

kann bereits in einem sehr frühen Stadium, z. B. während der Simulation, getestet werden, ohne dass bereits eine fertige Hardware oder das komplette System entwickelt wurden. Das Grundprinzip bei den „in-the-loop"-Tests ist immer gleich: das System wird in den unterschiedlichen Entwicklungsstadien zusammen mit einer modellierten oder realen Umwelt simuliert.

Model-in-the-Loop (MIL) setzt direkt am Anfang der modellbasierten Entwicklung an, bei der Modellbildung des Systems. Die Umwelt bzw. die Strecke des Reglers wird ebenfalls in Form eines Modells abgebildet, um die Gegenstelle für das Systemmodell darzustellen, das Umgebungsverhalten zu simulieren und sowohl die Eingangssignale für das Systemmodel zu generieren als auch die Ausgangssignale zu berücksichtigen. Modell und Umgebung werden zusammen simuliert, z. B. in Matlab®/Simulink®, um die Funktionen, Algorithmen und Regler des Modells zu testen und zu validieren. Da diese Methode rein auf Simulation beruht, sowohl für das System als auch für die Umgebung, wird die spätere Zielhardware, sowohl für das System als auch die Umgebung, nicht benötigt. Somit kann dieser erste Validierungsschritt bereits sehr früh in der Entwicklung und parallel zu anderen Entwicklungen, wie der Hardware, erfolgen.

Im nächsten Schritt, dem Software-in-the-Loop (SIL), wird das Modell des Systems in eine Softwarerepräsentation umgewandelt. Diese Software wird in der Regel durch automatische Codegenerierung für die jeweilige Zielhardware erzeugt. Sie wird immer noch auf einem Simulationsrechner ausgeführt, und auch die Umgebung wird, wie beim MIL, simuliert, sodass noch keine dedizierte Zielhardware benötigt wird. Dennoch kann bereits die automatisch generierte Software getestet und validiert werden.

Der Schritt zur Zielhardware wird beim Procesor-in-the-Loop (PIL) gemacht. Der zuvor im SIL getestete Code wird auf die Zielhardware portiert und darauf ausgeführt. Dadurch kann geprüft werden, ob auch mit den Limitierungen durch die reale Hardware, zum Beispiel im Hinblick auf Ausführungszeiten oder beschränkte Zahlendarstellungen, die Software korrekt funktioniert. Die Umgebung wird immer noch, wie bei den vorherigen Schritten, simuliert.

Bei Hardware-in-the-Loop (HIL) wird das System wiederum auf der Zielhardware realisiert, z. B. in Form des finalen Steuergeräts. Die Umgebung wird nicht mehr rein simuliert, sondern das Steuergerät wird an einen sogenannten HIL-Simulator angeschlossen, der als Nachbildung der realen Umgebung dient. Der HIL-Simulator besteht aus einem echtzeitfähigen Rechner, digitalen und analogen Schnittstellen zur Stimulierung des Prüflings sowie Ersatzlasten, die die eigentlichen Aktoren nachbilden und so dem Steuergerät deren Vorhandensein vorspielen. So kann die Umgebung für das Steuergerät physikalisch wesentlich realitätsnäher nachgebildet werden als durch eine reine Simulation. Die Eingangssignale für das Steuergerät werden durch das Umgebungsmodell des HIL-Simulators berechnet und die Eingänge des Steuergeräts durch die Hardware des HIL-Simulators entsprechend stimuliert. Dennoch ist auch HIL immer nur eine Vereinfachung der Realität und kann das Testen im realen System nicht ersetzen. Der Aufwand, die HIL-Umgebung zu realisieren, kann sehr hoch sein, aber durch die HIL-Simulation können sehr viele Tests durchgeführt werden, im besten Fall automatisiert. So kann der Bedarf an Tests des Systems in der realen Umgebung signifikant reduziert werden, es können Test durchgeführt werden, die im realen System nur sehr aufwendig oder schwierig zu realisieren sind und es können Systemgrenzen oder Fehlerfälle ohne Gefährdung ermittelt werden.

Literatur

1. Gessler R (2014) Entwicklung Eingebetteter Systeme, Springer Vieweg, Wiesbaden

Praxisprojekt

13

Ziel des vorgestellten Praxisprojekts ist es, einige der in den vorigen Kapiteln vorgestellten Konzepte und Tools direkt anzuwenden, da insbesondere die praktische Tätigkeit die Möglichkeit bietet, die theoretischen Aspekte zu vertiefen und die Anwendungsmöglichkeiten weitergehend zu verstehen. Für die praktische Umsetzung wird naturgemäß ein eingebettetes System benötigt. Um eine möglichst einfache und große Verfügbarkeit bei gleichzeitiger State-of-the-Art-Technologie zu gewährleisten, wird auf ein Starter Kit der Renesas Synergy Plattform zurückgegriffen. Dies bietet die Möglichkeit, ein ganzheitliches Konzept in der Entwicklung von eingebetteten Systemen zu nutzen, das im industriellen Einsatz sehr weit verbreitet ist.

Als Zielanwendung soll eine kleine Hausautomatisierung in Form eines kleinen Sensorclusters realisiert werden. An Hardware werden dazu neben dem Starter Kit nur Sensoren und evtl. ein Ethernetkabel benötigt (wobei viel auch völlig ohne zusätzliche Hardware gemacht werden kann), ansonsten werden viele Features der Renesas Synergy Plattform eingesetzt, wie HAL, RTOS und Vernetzungsmodule. Das Praxisprojekt führt dabei den Leser Schritt für Schritt von den Grundlagen bis hin zu fortgeschrittenen Funktionalitäten.

Der Aufbau des Praxisprojekts spiegelt den Aufbau des Buchs wieder. Die Entwicklung des Projekts startet mit der Spezifikation der verwendeten Hardware. Anschließend wird das BSP eingesetzt, um den Controller gemäß den Vorgaben des Boards zu konfigurieren und die Voraussetzung für den Einsatz der HAL zu schaffen. Darauf aufbauend wird die HAL genutzt, um IO-Pins und ADC-Pins zum Einlesen von Sensorwerten zu verwenden. Der Vorteil, den die Verwendung von Frameworks bietet, wird im nachfolgenden Schritt dargestellt, wenn das ADC-Framework genutzt wird, um die Sensoren einzulesen. Die Vernetzung mit einem PC wird durch die Entwicklung einer Konsolenanwendung beschrieben, bevor zum Schluss eine GUI mittels GUIX Studio™ entwickelt und der automatisch generierte Code in das Projekt integriert wird.

© Springer-Verlag GmbH Deutschland, ein Teil von Springer Nature 2019
F. Hüning, *Embedded Systems für IoT,*
https://doi.org/10.1007/978-3-662-57901-5_13

Es ist klar, dass die Voraussetzungen der Leser sehr unterschiedlich sein werden, von Anfängern bis hin zu erfahrenen Entwicklern von eingebetteten Systemen. Daher kann der Umfang des Praxisprojekts natürlich beliebig variiert und an die eigenen Bedürfnisse angepasst werden. Nichtsdestotrotz wird empfohlen, die grundlegenden Kapitel mit zu bearbeiten, um einen Einstieg in das Synergy-Konzept zu bekommen und darauf aufbauend die komplexeren Funktionalitäten zu verstehen und umsetzen zu können. Zudem gilt immer wieder: Wiederholen trägt stark zum wirklichen Verstehen bei! Und ansonsten stellt das Praxisprojekt nur einen Startpunkt in die Entwicklung von eingebetteten Systemen dar. Darauf aufbauend kann der Leser seine eigenen Anwendungen spezifizieren, entwickeln und umsetzen. Viel Erfolg!

Eine große Herausforderung bei der Entwicklung von eingebetteten Systemen steht meist schon direkt am Anfang, bevor es überhaupt losgehen kann – welche Hard- und Softwareversion wird eingesetzt. In großen Entwicklungsabteilungen wird dieses von der Firma vorgegeben, aber bei eigenen Projekten ist dieser Punkt zunächst zu klären. Insbesondere die Softwareversionen ändern sich ständig und werden in mehr oder weniger kurzen Abständen aktualisiert. Da mit jeder neuen Version Features dazu kommen bzw. wegfallen, ist eine vollständige Kompatibilität oft nicht gegeben. Meist sind neue Versionen zwar abwärtskompatibel, aber dennoch kann es beim Update zu Problemen kommen, die gelöst werden müssen. Um dieses Problem möglichst zu vermeiden, wird empfohlen, für das Praxisprojekt die gleichen Hard- und Softwareversionen einzusetzen, die auch bei der Erstellung verwendet wurden:

- SK-S7G2 Renesas Synergy Starter Kit
- SSP 1.2.1
- e²studio 5.4.0.018
- TraceX® 5.2.0
- GUIX Studio™ 5.3.2.2
- Optional: Analoge Sensoren

Abgesehen von der Hardware können alle Softwarekomponenten von der Renesas Synergy Gallery erhalten werden. Auch ältere Versionen der Software stehen dort zum Download bereit.

Den Zugang zur Synergy Gallery erhält man hier:
https://synergygallery.renesas.com/auth/login.

13.1 Projektvorstellung, Installation und Inbetriebnahme des Starter Kits

Am Startpunkt der Entwicklung sollte im besten Fall klar sein, was entwickelt werden soll, egal ob Sie die Beispielanwendung nutzen oder sich ein eigenes Projekt zum Üben ausdenken. Die hier beschriebene Anwendung ist eine kleine Hausautomatisierung, ein

Pflanzenüberwachungsmodul: zwei Sensoren mit analogen Schnittstellen werden mit dem Mikrocontroller verbunden und die Sensordaten sollen über eine Vernetzung an einen PC geschickt werden. Bei der Erstellung des Beispielprojekts wurden zwei analoge Sensoren verwendet, ein Wasserstandssensor und ein fotosensitiver Lichtsensor, aber es können beliebige andere analoge Sensoren verwendet werden.

Wenn Sie eine eigene Anwendung entwickeln wollen, dann sollten Sie zunächst die Anforderungen klären, darauf aufbauend die benötigten Hardwarekomponenten definieren und auswählen und anschließend die Hardware aufbauen, sprich die Komponenten mit dem S7G2 Starter Kit verbinden.

Bevor wir mit der Installation und der Inbetriebnahme starten, lohnt es sich, einen genaueren Blick auf den Mikrocontroller zu werfen, der im Starter Kit eingesetzt wird. Es handelt sich um den S7G2 aus der Serie mit der höchsten Leistungsfähigkeit, der auf dem Starter Kit im 176-Pin LQFP Gehäuse verbaut ist, und somit alle Features, die die Synergy Mikrocontroller haben können, aufweist. Das Datenblatt ist mit ca. 2100 Seiten durchaus sehr umfangreich, aber darin können alle Informationen darüber, wie der Mikrocontroller funktioniert und grundlegend zu programmieren ist, gefunden werden. Wie wir später sehen werden, kann mit der ISDE und dem Smart Manual sehr viel konfiguriert und programmiert werden, ohne auch nur einmal in das Datenblatt zu schauen. Dennoch sollte der generelle Aufbau eines solchen Dokuments und wie man damit umgeht, bekannt sein. Von daher suchen Sie doch einfach mal ein paar Informationen und Daten aus dem Datenblatt:

- Wie groß ist die maximale Taktfrequenz?
- Wie viele AGT Timers hat der S7G2?
- Wie viele ADC12 Kanäle weist der S7G2 auf?
- Welche Stromsparmodi (Low Power Modes) sind implementiert?
- Wie viele nicht-maskierbare Interrupts sind verfügbar?
- Was sind die Maximalwerte für die Versorgungsspannung und die Betriebstemperatur?
- Für die Beispielanwendung werden die Pins P000 und P001 als analoge Eingangspins verwendet. Wie werden diese beiden Pins zu analogen Eingängen konfiguriert? Welche Register sind dazu wie zu setzen?

Gerade der letzte Punkt zeigt deutlich, wie mühsam und lästig die grundlegende Konfiguration des Controllers ist. Abb. 13.1 zeigt dazu eine Übersicht über die Register und die einzelnen Bits der Register, die für jeden Pin entsprechend einzustellen sind. Und in unserem Fall sind das nur die Einstellung für zwei einfache analoge Pins, P000 und P001. Um diese Grundkonfiguration so einfach wie möglich zu gestalten, werden wir später das BSP verwenden – spätestens jetzt wird klar, dass solche Ansätze eine sehr große Hilfe bei der Programmierung darstellen.

Das Starter Kit wird in Abschn. 4.1 genauer beschrieben, es müssen nur ein paar Anschlüsse auf dem Board für die externen Komponenten gefunden werden, der Rest

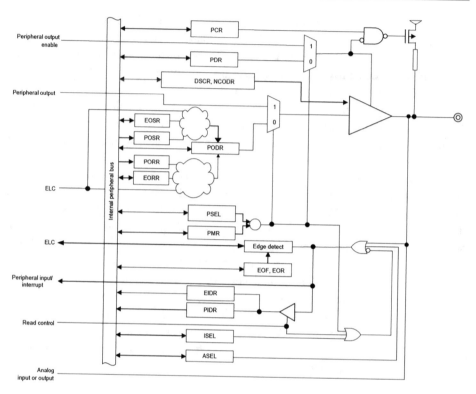

Abb. 13.1 Schematische Darstellung der Register für die Port-Konfiguration

der Hardware ist auf dem Board vorhanden. Für das beschriebene Praxisprojekt sind das nur die beiden analogen Eingangspins P000 und P001 bzw. A0 und A1 auf den Steckerleisten des Boards, die drei LEDs sowie der Debug-USB-Stecker und der Ethernet-Stecker. Wenn eine eigene Anwendung entwickelt werden soll, sollten Sie jetzt prüfen, ob alle Verbindungen verfügbar sind und ob Sie Ihre externe Hardware anschließen können.

Nach der Hardware muss die Entwicklungsumgebung e^{2}studio installiert werden:

- Download von e^{2}studio: https://www.renesas.com/en-eu/products/synergy/software/ tools/e2-studio.html
- Falls der Computer über ein Proxy/VPN auf das Internet zugreift, kann der e^{2}studio-Installer nicht die GCC ARM Embedded Toolchain herunterladen und installieren. In diesem Fall muss die Toolchain manuell installiert werden: https://launchpad.net/ gcc-arm-embedded/4.9/4.9-2015-q3-update
- Installieren Sie e^{2}studio und akzeptieren Sie alle Defaulteinstellungen, insbesondere für den GCC Compiler. Detailliertere Installationsanweisungen sind auf der Synergy Seite erhältlich

- Download des Synergy Software Packages: https://www.renesas.com/en-eu/products/synergy/software/ssp.html (hier sind auch Installationsanweisungen sowie das SSP Datenblatt, das SSP User's Manual sowie Anwendungsbeispiele erhältlich).

Um die erfolgreiche Installation zu testen und erste Schritte mit der ISDE zu machen, wird ein einfaches Beispielprogramm (ähnlich dem berühmten „Hello World") gestartet, das die LEDs auf dem Board blinken lässt:

- Verbinden Sie das Starter Kit mit Ihrem PC mittels des DEBUG_USB (J-19) Steckers. Das Starter Kit wird so mit Strom versorgt (angezeigt durch die grüne LED4), fährt selbstständig hoch und führt einen Selbsttest durch.
- Berühren Sie den LCD Touchscreen und ein vorgefertigtes Demoprogramm startet, ein Thermostat. Spielen Sie ein bisschen mit der Anwendung, indem Sie auf dem Touchscreen die Symbole auswählen.
- Starten Sie die ISDE, wählen Sie bei der Abfrage die zuvor installierte GCC ARM Embedded Toolchain aus (sofern GCC in den Default-Pfad installiert wurde).
- Erzeugen Sie einen neuen Workspace, in dem Ihre Projekte gespeichert werden, nennen Sie diesen z. B. „room_condiction_monitor" (Abb. 13.2)
- Auf dem erscheinenden Startbildschirm wählen Sie „Go To Workspace" aus
- Erzeugen Sie ein neues Synergy C Project (File → New → Synergy C Project), geben Sie dem Projekt einen Namen. Sie müssen unter Umständen noch das Lizenzfile angeben, das im e²studio Ordner unter internal/projectgen/arm/Licenses zu finden ist (Abb. 13.3).
- Wählen Sie im nächsten Fenster (nach dem Drücken von „Next") das S7G2 SK Board aus (das Device wird dann automatisch richtig eingestellt) und belassen Sie die SSP Version bei 1.2.1 (Abb. 13.4).

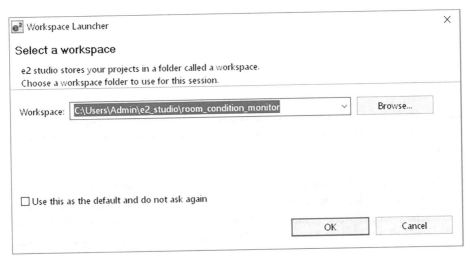

Abb. 13.2 Auswahl eines Workspaces beim Start von e²studio

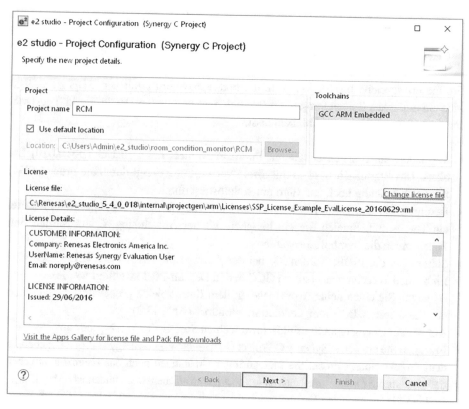

Abb. 13.3 Einrichten eines Synergy C Projekts

- Im folgenden Fenster können Sie ein Template für Ihr Projekt auswählen, bei Blinky with ThreadX wird das Beispielprogramm der blinkenden LEDs ausgewählt und direkt mittels des RTOS realisiert (Abb. 13.5).
- Durch das Drücken von „Finish" startet das Projekt in der Configuration Perspective (Abb. 13.6).

Jetzt ist die Entwicklungsumgebung startbereit und da das Blinky-Beispiel ausgewählt wurde, muss nichts mehr konfiguriert oder programmiert werden, sondern das Projekt ist direkt verwendbar.

- Zunächst muss der C-Code aus den Konfigurationsdateien erzeugt werden. Markieren Sie in dem Verzeichnisbaum links Ihr Projekt (hier RCM) und starten Sie die automatische Codegenerierung, indem Sie in der oberen Mitte des Fensters auf „Generate Project Content" klicken. Dadurch werden die benötigen Dateien aus dem SSP extrahiert, an die ausgewählten Konfigurationen angepasst und dem Projekt hinzugefügt.

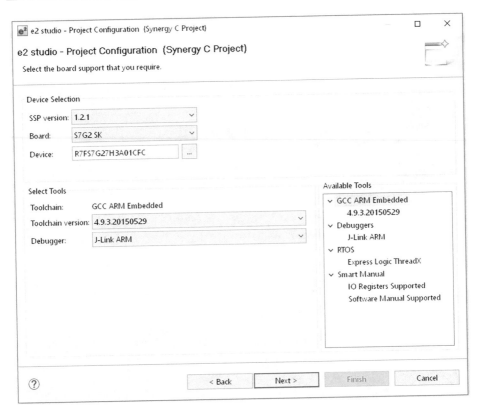

Abb. 13.4 Auswahl der boardspezifischen Daten und der Tools

Es lohnt ein kurzer Blick darauf, was da jetzt durch die automatische Codegenerierung erzeugt wurde. Im Project Explorer der ISDE führt alle Dateien des jeweiligen Projekts auf. So befinden sich in den Ordnern mit „synergy" im Namen die Source-, Include- und Konfigurationsdateien für das SSP. Diese werden durch jede automatische Codegenerierung des Projekts neu erzeugt, demnach sollten sie nicht manuell geändert werden, da alle Änderungen bei einer Neugenerierung überschrieben werden. Im „src"-Ordner befinden sich weitere automatisch generierte Dateien im „synergy_gen"-Ordner, so auch die berühmte main.c. Allerdings wird auch diese Datei automatisch immer neu generiert, daher sollte sie nicht manuell verändert werden. Direkt im „src"-Ordner sind die Dateien, die vom Anwender editierbar sind und nicht bei einer Codegenerierung überschrieben werden. Im Falle des Blinky-Programms findet sich der Anwendungscode in der Datei blinky_thread_entry.c, da der Code zu dem Thread „Blinky" gehört. Mehr zu den Threads und dem zugehörigen Code in Abschn. 7.1.

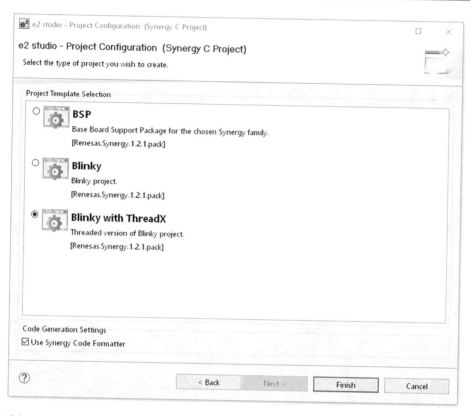

Abb. 13.5 Auswahl des Projekt-Tempates

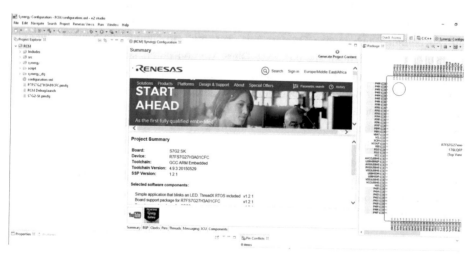

Abb. 13.6 Configuration Perspective nach Projektstart

- Anschließend können Sie den Code bauen und compilieren, indem Sie auf das kleine Hammersymbol in der Menüleiste klicken (Abb. 13.7). Das Compilieren sollte ohne Fehler und Warnungen laufen, wie im Fenster unten rechts unter dem Tab „Console" angezeigt („Build Finished. 0 errors, 0 warnings"). Wenn beim Compilieren Fehler auftreten, müssen diese zunächst im Code behoben werden.

Bei dem Hammersymbol können zwei unterschiedliche Konfigurationen auswählen: Standardmäßig wird mit der Debug-Konfiguration gearbeitet, die alle zum Debuggen des Codes notwendigen Informationen integriert, wie Variablen- und Funktionsnamen. Diese Informationen erleichtern das Debuggen, aber der erzeugte Code ist größer und langsamer. In der Release-Konfiguration wird der Code im Hinblick auf Codegröße und Ausführungs-geschwindigkeit optimiert und die Debug-Informationen werden nicht integriert.

Das durch das Compilieren erzeugte Programm liegt als elf-File (hier RCM.elf) vor, dass dann noch für die Ausführung auf dem Mikrocontroller geladen werden muss (das sogenannte Flashen), bevor es auf dem Controller laufen kann.

- Wenn noch nicht geschehen verbinden Sie jetzt das Starter Kit mit Ihrem PC. Durch Klicken auf das kleine grüne Käfersymbol in der Menüleiste wird der Debugger gestartet und der Code auf den Mikrocontroller geflasht (Abb. 13.7). Bei der folgenden Frage, ob Sie in die Debug-Perspective wechseln wollen, klicken Sie „Yes", wodurch diese sich öffnet. Der Programmzähler steht jetzt auf der Startadresse des Programms.
- Durch das Anklicken des kleinen grünen Pfeils, der links einen gelben Balken hat („Resume") startet das Programm, nur um direkt im main() zu stoppen. Erneutes Klicken auf den grünen Pfeil setzt die Programmausführung fort und die 3 LEDs (LED1, LED2, LED3) blinken im Sekundentakt.

Abb. 13.7 Debug-Perspective, rot markiert sind die Knöpfe zum Compilieren, Debuggen, Starten, Anhalten und Beenden sowie der Editorview und die Anzeige der Variablen

- Um die Ausführung des Programms anzuhalten ohne es zu beenden muss das Pause-zeichen (zwei senkrechte gelbe Balken) gedrückt werden. Das Programm wird durch Anklicken des grünen Pfeils fortgesetzt (Abb. 13.7).
- Um das Debuggen zu stoppen und den Debugger vom Board zu trennen, muss das rote Quadrat („Terminate") gedrückt werden. Das Programm verbleibt natürlich auf dem Controller, sodass es weiterläuft, auch nach dem Trennen und Wiederverbinden der Spannungsversorgung.

Wenn das Programm angehalten ist, kann im Editor View der Code gelesen werden, um z. B. Breakpoints zu setzen. Erreicht das Programm bei der weiteren Ausführung den Breakpoint, hält das Programm an und es können Daten und Parameter wie Variablen oder Registerwerte beobachtet werden.

13.2 BSP

Die ersten Schritte mit Synergy und e²studio haben schon mal geklappt, das Beispiel-programm läuft und Sie können automatisch Code generieren, bauen und debuggen. Im nächsten Schritt sollen ein paar grundlegende Einstellungen des Mikrocontrollers kon-figuriert werden, um eine neue Anwendung zu realisieren. Dazu sollen zwei analoge Sensoren an zwei der Pins des Mikrocontrollers angeschlossen werden, sodass diese entsprechend zu konfigurieren sind. Dies kann manuell geschehen, in dem die Register entsprechend programmiert werden – das ist langwierig, lästig und fehleranfällig, sodass stattdessen die grafische Konfiguration mittels des BSP verwendet werden soll. Des Weiteren sollen die Pins für das LCD Display konfiguriert werden.

Die beiden analogen Sensoren (z. B. der Wasserstands- und Lichtsensor) sollen an die Pins P000 und P001 angeschlossen werden:

- Wechseln Sie zur Configuration-Perspective und doppelklicken Sie auf das configu-ration.xml File im Project Explorer. Wählen Sie den „Pins"-Tab aus, um zunächst die Pins P000 und P001 zu konfigurieren (Abb. 13.8).
- Links im „Pins"-Tab finden sich alle Pins, zugreifbar entweder über die Ports oder über die zugehörigen Peripherals.
- Öffnen Sie die Ports und dann P0, sodass alle 16 Pins des P0 sichtbar werden. P000 ist bereits als analoger Input eingestellt, ebenso P001. Geben Sie den beiden Pins einen symbolischen Namen, z. B. Wasserstand bzw. Lichtstärke.
- Durch Klicken auf den kleinen grauen Pfeil rechts neben dem „Chip input/output" gelangt man zu dem zugehörigen Peripheriemodul. Im Fall des P000 ist dieser ana-loge Eingang mit dem AN00 Eingang des ADC verbunden, P001 mit AN01.

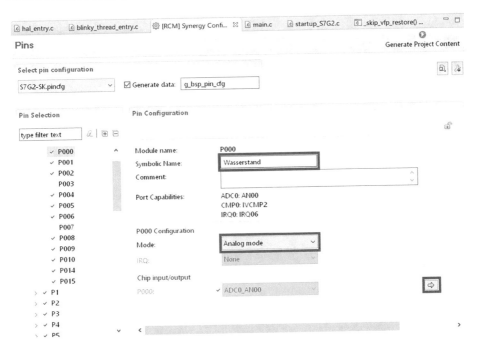

Abb. 13.8 Konfiguration von P000 als analoger Input

Nach den beiden Pins für die analogen Sensoren sollen auch noch die Pins für das LCD Display konfiguriert werden:

- Wählen Sie in den Peripherals Connectivity:SPI das SPI0-Peripheral aus. Die SPI-Signale MISO (P100), MOSI (P101), RSPCK (P102) und SSL0 (P103) sollten bereits korrekt konfiguriert sein.
- Wählen Sie Connectivity:IIC und dann IIC2 aus und stellen Sie den Operation Mode auf „Enabled" (Abb. 13.9).
- Setzen Sie unter den Ports den Mode von P115 auf „Output mode (Initial Low)". Dieser Pin treibt das LCD Schreib- und Lesesignal, nennen Sie es z. B. LCD_WR.
- Setzen Sie die Pins P609, P610 und P611 ebenso auf „Output mode (Initial Low)". Dabei handelt es sich um das Resetsignal für das Touchpanel (P609, Symbolic Name RESET#), den LDC-Reset (P610, LCD_RESET) bzw. das Chip-Select-Signal (P611, LCD_CS).
- Die Pins des Graphics LCD Controllers (GLCDC) sind bereits durch das BSP richtig konfiguriert, das können Sie unter Peripherals und Graphics:GLCDC GLCDC0 kontrollieren.

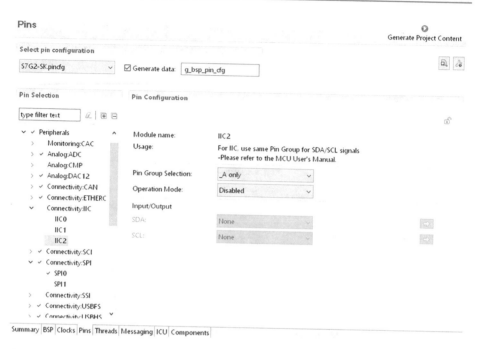

Abb. 13.9 „Pins"-Tab mit der Konfiguration für das IIC2-Peripheral

- Die Pins können auch in dem Package-Tab, das ein Bild des Gehäuses darstellt, überprüft werden (Abb. 13.10). Wenn Sie oben rechts „Symbolic Names" aus dem Drop-Down-Menü auswählen, werden die symbolischen Namen, die Sie konfiguriert haben, dargestellt. Fehler in der Pinkonfiguration werden hier rot markiert und sind zu beheben.

Damit ist die Pinkonfiguration bereits abgeschossen – ohne eine Zeile Code zu schreiben oder das Datenblatt des Mikrocontrollers zu lesen, schnell, einfach und weniger fehleranfällig. Speichern Sie die Konfiguration („Strg + S") und generieren Sie den Code aus Ihrer Konfiguration. Dies sollte wiederum ohne Fehler und Warnungen erfolgen.

Der Grund für die Verwendung eines BSP liegt daran, den Controller einfach zu konfigurieren und automatischen Startup-Code zu erzeugen. Daher passen Sie auf, welche Dateien Sie später mit Ihrem Anwendungscode ändern – nicht dass Sie eine automatisch generierte Datei ändern und diese Änderungen nach einer neuen Codegenerierung verloren sind… Probieren Sie dies aber vielleicht einmal aus, indem Sie die Pinkonfiguration in der Datei pin_data.c manuell ändern. Starten Sie dann eine neue Codegenerierung und prüfen Sie, dass Ihre Änderungen in pin_data.c verworfen wurden.

Wenn die so eingestellte Konfiguration des Controllers als Basis für mehrere Projekte dienen soll, so kann das Projekt als Template exportiert werden. Im Project Explorer Rechtsklick auf das Projekt, „Export Synergy Project" auswählen, die Archivdatei

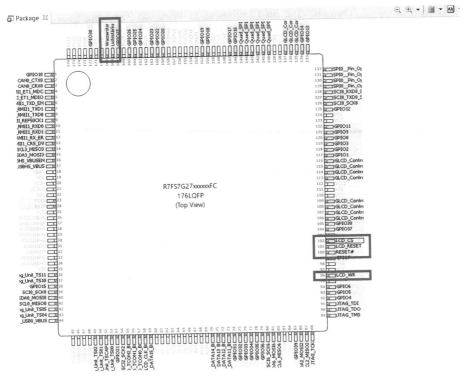

Abb. 13.10 Package-View mit den konfigurierten symbolischen Pinnamen

benennen und als zip-Datei abspeichern. Diese kann dann über File>Import importiert werden. Beim Importieren „Rename & Import Existing C/C++ Project into Workspace" unter „General" auswählen, im nächsten Schritt das neue Projekt benennen und das zuvor exportierte zip-File auswählen.

13.3 HAL & RTOS

Nach den ersten Schritten mit e²studio und dem BSP sollen jetzt die Hardware-abstraktionsschicht sowie das RTOS eingesetzt werden, um die Sensorwerte der analogen Sensoren periodisch einzulesen. Dazu muss zunächst das ADC Modul mittels der HAL derart konfiguriert werden, dass die analogen Eingangssignale periodisch gewandelt werden. Darauf aufbauen wird die API der HAL genutzt, um den ersten eigenen Synergy-Code zu schreiben.

- Wenn noch nicht geschehen, verbinden Sie die beiden analogen Sensoren an die Pins A0 und A1 auf dem Starter Kit
- Importieren Sie das zuvor erstellte Template oder führen Sie das Projekt fort

- Öffnen Sie den „Threads"-Tab im Configuration Window. Zunächst finden Sie dort nur zwei Threads, „HAL/Common" mit den Treibern für die IO-Ports, das CGC und FMI (Factory MCU Information) Module sowie den „Blinky" Thread.
- Fügen Sie einen neuen Thread durch Anklicken des „New Thread" Symbols hinzu. Das Properties Window zeigt direkt die Einstellungen des neuen Threads an. Benennen Sie den Thread in hal_adc_thd um und belassen die übrigen Einstellungen (Abb. 13.11).
- Fügen Sie den ADC Treiber zu dem neuen Thread hinzu, indem Sie den Thread markieren, in dem hal_adc_thd Stacks Fenster das „New Stack" Symbol anklicken und dann Driver>Analog>ADC Driver on r_adc auswählen. Der ADC Treiber wird dem Thread hinzugefügt und kann direkt mit dem RTOS verwendet werden.
- Durch Anklicken des ADC Treibers werden unten links wieder die Eigenschaften unter Property dargestellt, in dem der ADC gemäß den Anforderungen der Anwendung konfiguriert werden kann. Dazu muss zunächst geprüft werden, mit welchen ADC Kanälen die beiden analogen Eingangssignale verbunden sind. Dies ist bei der Pin-Konfiguration geschehen: P000 ist mit dem ADC Kanal 0 (AN00) und P001 mit Kanal 1 (AN01) verbunden (das kann natürlich jederzeit im „pins"-Tab nachgeschaut werden, dort wurde es auch konfiguriert).

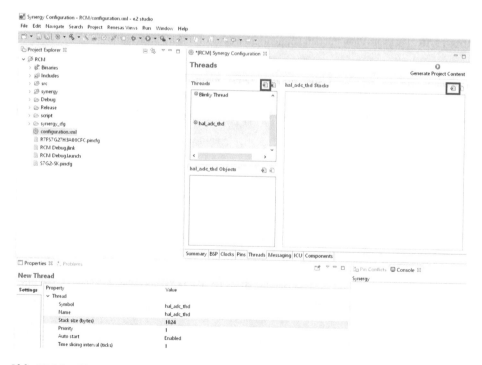

Abb. 13.11 „Thread"-Tab mit neuem Thread hal_adc_thd

- Ändern Sie die beiden Kanäle 0 und 1 auf „Use in Normal/Group A". Weiter unten in den Properties aktivieren Sie das Mitteln von zwei Messwerten für beide Kanäle (Abb. 13.12). Die übrigen Einstellungen können unverändert bleiben.
- Speichern Sie die Konfiguration, starten Sie die Code-Generierung und wechseln Sie in die C/C++ Perspective.

Damit ist der ADC gemäß den Anforderungen der Anwendung konfiguriert – wiederum schnell, einfach und zuverlässig. Nach der Code-Generierung findet sich unter „src" eine neue Datei: hal_adc_thd_entry.c. In diese Datei wird der Anwendungscode für den hal_adc_thd Thread integriert. Nach der erstmaligen Erzeugung ist die Datei noch ziemlich leer und enthält nur eine Dummy-Funktion „void hal_adc_thd_entry(void)", die wir im Folgenden durch den Anwendungscode ersetzen werden. Bei späteren Code-generierungen wird diese Datei nicht mehr geändert, sodass der Anwendungscode erhalten bleibt. Probieren Sie dies einfach einmal aus.

Der folgende Code stellt den Anwendungscode dar, um die zwei analogen Sensor-werte periodisch zu wandeln. Fügen Sie den Code in die Datei hal_adc_thd_entry.c ein. Dieser Code kann in zwei Teile unterteilt werden: Initialisierung und Arbeitsschleife mit der periodischen Wandlung der analogen Werte.

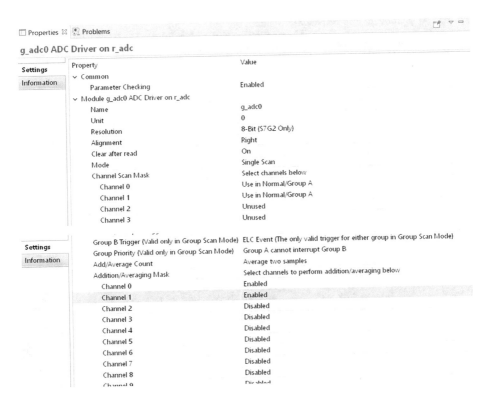

Abb. 13.12 Konfiguration des ADC im „Property"-Fenster

In der Initialisierung werden zwei Variablen, „water_level_adc_t" und „light_sensor_
adc_t" für die jeweiligen ADC Werte definiert und initialisiert. Anschließend wird der
ADC Treiber geöffnet und die Konfiguration geladen.

In der Arbeitsschleife startet der Thread die ADC Scans, wartet, dass die Scans
beendet sind und liest dann die gewandelten Werte für beide Kanäle. Anschließend wartet der Thread für einen Tick (= 10 ms), bevor ein neuer Scan gestartet wird.

```
#include "hal_adc_thd.h"

/* hal_adc_thd entry function */
void hal_adc_thd_entry(void)
{
    /* error variables */
    ssp_err_t err;

    /* variables for the sensor values */
    adc_data_size_t water_level_adc_t = 0;
    adc_data_size_t light_sensor_adc_t = 0;

    /* opens the adc hal driver */
     err = g_adc0.p_api->open(g_adc0.p_ctrl,
                              g_adc0.p_cfg);
    /* catch error */
    if(err != SSP_SUCCESS)for(;;);

    /* loads the adc configuration */
    err = g_adc0.p_api->scanCfg(g_adc0.p_ctrl,
                          g_adc0.p_channel_cfg);
    if(err != SSP_SUCCESS)for(;;);
    /* !! don't use a thread without an endless loop*/
    while (1)
    {
        /* start the adc scan */
        err = g_adc0.p_api->scanStart(g_adc0.p_ctrl);
        if(err != SSP_SUCCESS)for(;;);

        /* polling for ready status */
        while(SSP_ERR_IN_USE == g_adc0.p_api->scanStatusGet(g_adc0.p_ctrl)
);
        if(err != SSP_SUCCESS)for(;;);

        /* read adc channel 0 value */
        err = g_adc0.p_api->read(g_adc0.p_ctrl,
                          ADC_REG_CHANNEL_0,
                          &light_sensor_adc_t);
        if(err != SSP_SUCCESS)for(;;);

        /* read adc channel 1 value */
        err = g_adc0.p_api->read(g_adc0.p_ctrl,
                          ADC_REG_CHANNEL_1,
                          &water_level_adc_t);
        if(err != SSP_SUCCESS)for(;;);

        /* put this thread to sleep for 1 RTOS timer tick - 1 tick = 10 ms
*/
        tx_thread_sleep (1);
    }
}
```

Alle benötigten Funktionen werden über die „g_adc0"-Instanz aufgerufen. Diese nutzt die Konfigurations-, Control- und API-Strukturen, die über Pointer referenziert werden. Die Konfigurations- und Controlstrukturen sind in der Regel abhängig von der jeweiligen Instanz, aber die API-Struktur ist generisch und wird vom Treibercode verwendet. Mittels der automatischen Codevervollständigung können die verfügbaren Optionen einfach angezeigt werden. Geben Sie zum Beispiel „g_adc0." ein und drücken Sie dann „[Strg] + [Space]" (autocomplete), so werden die verfügbaren Optionen angezeigt. Diese Funktionalität und die Art des objektorientierten Programmierens steht für alle Treiber und Frameworkmodule zur Verfügung, was die Programmierung erheblich vereinfacht.

- Speichern, compilieren und debuggen Sie das Projekt und wechseln Sie die die Debug-Perspective.
- Setzen Sie einen Breakpoint, indem Sie an die gewünschte Stelle im Code die Zeilennummer doppelt anklicken, z. B. in die Zeile „tx_thread_sleep(1);". Das Programm wird beim Breakpoint stoppen.
- Die Variablen werden oben rechts dargestellt. Ändern Sie die Sensorwerte, indem Sie die Messgrößen ändern (z. B. die Helligkeit variieren) und starten Sie das Programm immer wieder, nachdem es am Breakpoint gestoppt hat. Beobachten Sie die Variablen, die die jeweiligen Messwerte darstellen.
- Bestimmen Sie so die maximalen und minimalen Werte der gewandelten ADC Werte.
- Wenn Sie die Auflösung des ADC ändern wollen, so ist dies wieder sehr einfach: Stoppen Sie den Debug-Vorgang, wechseln Sie zum Property-Tab des ADC Treibers und ändern Sie die Auflösung auf den gewünschten Wert, z. B. 12 Bit. Speichern Sie das Projekt und generieren Sie den Code. Dann machen Sie weiter wie oben beschrieben.

13.4   Framework

Das Synergy Framework nutzt neben dem RTOS ThreadX® auch HAL-Module oder Middleware wie das USB Framework um Stacks zu implementieren, die mehr Funktionalität dem Entwickler bereitstellen als einfache HAL-Module. Im folgenden Beispiel werden die ADC Werte der Sensoren mittels des ADC Frameworks statt des ADC HAL Moduls ausgelesen.

- Erstellen Sie ein neues Projekt mittels des zuvor erstellten Templates
- Fügen Sie einen neuen Thread hinzu und benennen ihn (z. B. adc_framework_thd)
- Fügen Sie den ADC Periodic Framework hinzu (Framework→ Analog→ ADC Periodic Framework on sf_adc_periodic) (Abb. 13.13). Der Softwarestack besteht aus mehr als einem Modul, wie es für Frameworks üblich ist, um komplexere Funktionalitäten anbieten zu können. In diesem Fall nutzt das ADC Periodic

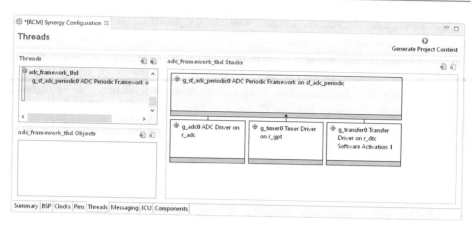

Abb. 13.13 ADC Thread mit dem ADC Periodic Framework

Framework drei HAL Module, das ADC Modul, ein Timer-Modul und ein Datentransfermodul. Das RTOS koordiniert dabei die Interrupts und die Hardwarezugriffe.
- Konfigurieren Sie das ADC Periodic Framework wie in Abb. 13.14 dargestellt. Bei
  der Konfiguration werden unter anderem die Buffergröße und die Anzahl an Wiederholungen für die Messung eingestellt. Auch wenn eine Buffergröße von 2 sowie eine
  einmalige Messung ausreichen würden, stellen Sie eine Buffergröße („Length of
  data-buffer") von 32 und 3 Wiederholungen („Number of sampling interations") ein,
  d. h. dass jeder aktive ADC Kanal dreimal gemessen wird. Durch die callback-Funktion
  stehen die Daten dem Nutzer zur Verfügung.
- Konfigurieren Sie den ADC wie vorher, nur am Ende der Properties setzen Sie
  „Scan End Interrupt Priority" auf einen Wert kleiner 15. Dieser Interrupt ist die
  Aktivierungsquelle für den Datentransfer in den Frameworkbuffer.
- Konfigurieren Sie das GPT Timer Modul, das die Periodendauer des ADC Periodic
  Frameworks einstellt. Stellen Sie dazu im Property-Tab den „Period Value" auf 100
  für eine Periodendauer von 100 ms.
- Das Data Transfer Modul (DTC) muss nicht separat konfiguriert werden.
- Speichern Sie das Projekt und erzeugen Sie den Code. Öffnen Sie anschließend die
  neu generierte Datei adc_framework_thd_entry.c.
- Fügen Sie der Datei den folgenden Code hinzu. Dieser liest die ADC Sensordaten mit-
  tels des ADC Periodic Frameworks aus. p_args ist ein Pointer auf die Struktur die Elemente wie den Index des aktuellen ADC Werts enthält. Die Werte werden wiederum
  gemittelt und den zugehörigen Variablen zugewiesen. Dabei gehören die ungeraden
  Buffereinträge zum Helligkeitssensor und die Geraden zum Wasserstandssensor.

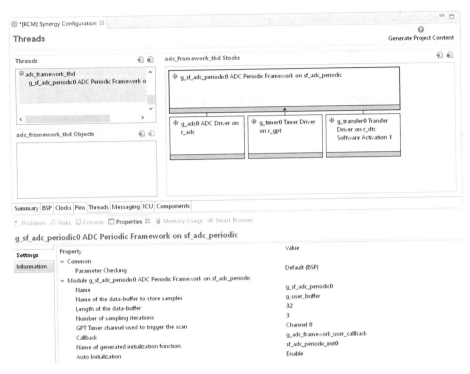

Abb. 13.14   Konfiguration des ADC Periodic Frameworks

Dies liegt an der Funktionsweise des Frameworks: dieses macht mehrere hintereinander ausgeführte ADC Wandlungen, jeweils startend beim kleinsten Kanal (hier Kanala 0) und dann aufsteigend für alle aktivierten Kanäle.

- Führen Sie den Code aus. Fügen Sie in dem Expressions Tab oben rechts in der Debug Perspektive die ADC Variablen adc_water_level und adc_brightness hinzu und beobachten Sie die Werte (Abb. 13.15).

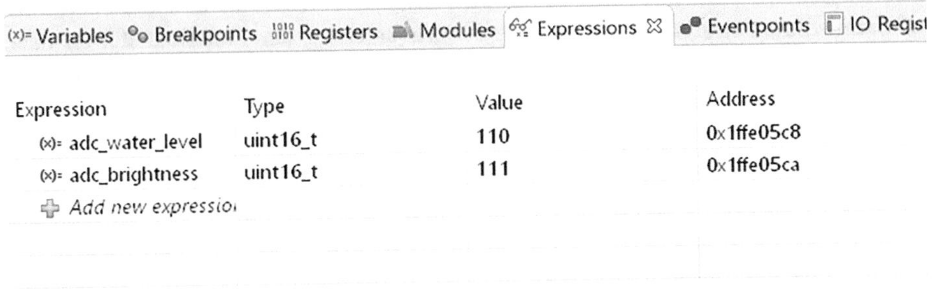

(x)= Variables	°o Breakpoints	Registers	Modules	Expressions ⊠	Eventpoints	IO Regist

Expression	Type	Value	Address
(x)= adc_water_level	uint16_t	110	0x1ffe05c8
(x)= adc_brightness	uint16_t	111	0x1ffe05ca
⊕ Add new expressioı			

Abb. 13.15   Variablen adc_brightness und adc_water_level im Expressions Tab

```
#include "adc_framework_thd.h"

/* static variables */
uint16_t adc_water_level;
uint16_t adc_brightness;

/* callback function */
void g_adc_framework_user_callback(sf_adc_periodic_callback_args_t *
p_args){
    uint32_t index = p_args->buffer_index;

    adc_brightness  = (uint16_t)(g_user_buffer[index] +
g_user_buffer[index+2] + g_user_buffer[index+4]) / 3;
    adc_water_level = (uint16_t)(g_user_buffer[index+1] +
g_user_buffer[index+3] + g_user_buffer[index+5]) / 3;
}

/* adc_framework_thd entry function */
void adc_framework_thd_entry(void)
{
    /* variables */
    ssp_err_t err;

    /* start the scan, since auto start is off */
    err = g_sf_adc_periodic0.p_api->start(g_sf_adc_periodic0.p_ctrl);
    if( err != SSP_SUCCESS) for(;;);

    while (1)
    {
        /* wait for 200 ms */
        tx_thread_sleep(20);
    }
}
```

13.5   Vernetzung

Um die Vernetzungsmöglichkeiten über Ethernet zu demonstrieren, soll im Folgenden eine Konsolenanwendung zwischen Ihrem PC und dem Starter Kit eingerichtet werden. Dabei werden die Sensordaten vom Mikrocontroller zum PC über eine Telnet-Verbindung auf dem PC übertragen. Vor der Datenübertragung soll sich der Nutzer zunächst über die Telnet-Verbindung mittels eines Benutzernamens und eines Passworts auf dem Mikrocontroller einloggen. Die Programmierung der Funktionalität ist dabei durchaus umfangreich und komplex. Nichtsdestotrotz sollten Sie den aufgeführten Code übernehmen, um die Funktion einfach ausprobieren zu können.

- Erstellen Sie einen neuen Thread console_thd.
- Fügen Sie dem Thread das Console Framework hinzu (Framework→ Services→ Console Framework on sf_console). Wie Sie sehen, müssen Sie noch ein Framework für die Vernetzung hinzufügen.
- Fügen Sie als Communication Framework das Ethernet Communication Framework sf_el_nx_comms hinzu, um NetX™ zu verwenden.

- Konfigurieren Sie die Module des Softwarestacks. Die Konfiguration des Console Frameworks kann unverändert bleiben.
- Im Communication Framework kann die IP Host-Adresse konfiguriert werden (hier: 192.168.0.10). Ändern Sie den Kanal in 1 und belassen die übrige Konfiguration unverändert (Abb. 13.16).
- Konfigurieren Sie das NetX Port ETHER Modul, indem Sie „Channel 1 Phy Reset Pin" auf IOPORT_PORT_08_PIN_06 und „Port Channel" auf 1 ändern und eine Interruptpriorität höher als 15 einstellen (Abb. 13.17).
- Sollten in dem Communication Framework „überholte" (deprecated) und nicht mehr benötigte Module sein (z. B. g_nx0 NetX on nx), so können Sie die Warnungen in den zugehörigen Properties ausschalten.
- Damit ist die Konfiguration bereits abgeschlossen und der Code kann generiert werden.
- Erstellen Sie in dem src Ordner einen neuen Ordner „console_thd_files". Erstellen Sie in diesem Ordner die Dateien console_def.c, console_def.h, uint_to_string_ conversion.c und uint_to_string_conversion.h. Die ersten beiden Dateien werden die Funktionalität der Konsole implementieren und die beiden anderen Dateien die Wandlung von unit-Datentypen in Strings.
- Die Datei console_def.h enthält eine einzige Funktion und dient als Startpunkt für die Konsolenanwendung:

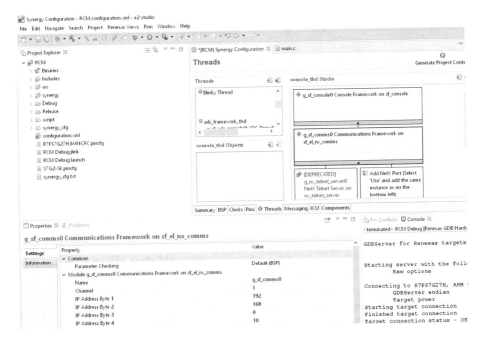

Abb. 13.16 Konfiguration des Communication Frameworks

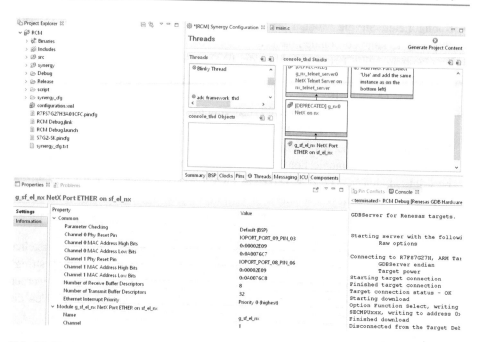

Abb. 13.17 Konfiguration des NetX Port ETHER Moduls

```
/*
 * console_def.h
 */
#ifndef CONSOLE_THD_FILES_CONSOLE_DEF_H_
#define CONSOLE_THD_FILES_CONSOLE_DEF_H_

/* includes */
#include "console_thd.h"

/* console thread main function */
void console_main(void);


#endif /* CONSOLE_THD_FILES_CONSOLE_DEF_H_ */
```

- Die zugehörige Funktion „void console_main(void)" ist im Code in console_def.c zu finden. Diese wartet auf eine Eingabe vom Nutzer.
- Die Funktionalität der Konsolenanwendung wird in die Datei console_def.c eingefügt. Die Funktionalität beinhaltet das Einloggen auf dem Mikrocontroller mittels Nutzername/Passwort sowie die Ausgabe der Sensordaten inklusiver einer Datenkonvertierung. Daher ist der folgende Code recht umfangreich und wird im Folgenden dann in seinen Hauptbestandteilen kurz erläutert. Die Erläuterungen verweisen auf die jeweiligen Codekomponenten über einen Verweis in den Kommentaren (z. B./* Verweis 1 */).

```c
/*
 * console_def.c
 */

#include<string.h>
#include"console_def.h"
#include"uint_to_string_conversion.h"

/* global variables */
extern uint16_t adc_water_level;
extern uint16_t adc_brightness;

/* enumerate */
typedef enum e_string_state
{
    STRING_EQUAL  =0,
}e_string_state_t;

/* root callback */
void login_callback(sf_console_callback_args_t * p_args);
/* sk-s7G2 callback */
void read_sensor_values_callback(sf_console_callback_args_t * p_args);

/* strings */
const uint8_t const str_id[]="user-id: ";
const uint8_t const str_password[]="password: ";
const uint8_t const str_wrong_user_id[]="wrong user-id\r\n ";
const uint8_t const str_wrong_password[]="wrong password\r\n ";
const uint8_t const str_timeout[]=" timeout!\r\n";
const uint8_t const str_error[]=" error!\r\n";
const uint8_t const str_renesas[]="renesas";
const uint8_t const str_synergy[]="synergy";
const uint8_t const str_brightness[]="brightness: ";
const uint8_t const str_water_level[]="water_level: ";
const uint8_t const str_enter[]=" \r\n";
const uint8_t const str_space[]=" ";

/*input string*/
uint8_t str_data[128];
uint8_t str_numeric_conversion[8];


/* console root command */
/* Verweis 2 */
const sf_console_command_t g_sf_root_commands[]=
{
    { .command = (uint8_t*)"login", .help = (uint8_t*)"log in sk-s7g2",
      .callback = login_callback, .context = NULL},
};

/* Verweis 4 */
const sf_console_command_t g_sf_sk_s7g2_commands[]=
{
    { .command = (uint8_t*)"rsv", .help = (uint8_t*)"read sensor values",
      .callback = read_sensor_values_callback, .context = NULL},
};

/* console menus */
/* Verweis 1 */
const sf_console_menu_t g_sf_console_root_menu ={
    .menu_prev = NULL,
    .menu_name = (uint8_t*)"root: ",
    .num_commands = (sizeof(g_sf_root_commands)) / (sizeof(g_sf_root_commands[0])),
    .command_list = &g_sf_root_commands[0]
};

/* Verweis 3 */
const sf_console_menu_t g_sf_console_sk_s7g2_menu ={
    .menu_prev = &g_sf_console_root_menu,
    .menu_name = (uint8_t*)"sk-s7g2: ",
    .num_commands = (sizeof(g_sf_sk_s7g2_commands)) / (sizeof(g_sf_sk_s7g2_commands[0])),
    .command_list = &g_sf_sk_s7g2_commands[0]
};

/* login callback functions */
/* Verweis 5 */
void login_callback(sf_console_callback_args_t * p_args)
{
    (void) p_args;
    ssp_err_t err;

    /* cast from void to sf_console_instance_ctrl_t needed for access */
    sf_console_instance_ctrl_t * casted_console_p_ctrl = (sf_console_instance_ctrl_t *) g_sf_console0.p_ctrl;

    /* check for user id */
    g_sf_console0.p_api->write(g_sf_console0.p_ctrl,str_id, TX_NO_WAIT);
    /* wait 10 seconds for inputs */
    err = g_sf_console0.p_api->read(g_sf_console0.p_ctrl, str_data, sizeof(str_data),1000);
```

```
    if( err == SSP_ERR_INTERNAL)
    {
        g_sf_console0.p_api->write(g_sf_console0.p_ctrl,str_timeout, TX_NO_WAIT);
    }
    else if(err == SSP_SUCCESS)
    {
        /* check user id */

        /* set termination so that string compare does not run to end */
        str_data[sizeof(str_renesas) / sizeof(str_renesas[0])]='\0';
        if(strcmp((char*)str_data, (char*)str_renesas) != STRING_EQUAL)
        {
            g_sf_console0.p_api->write(g_sf_console0.p_ctrl,str_wrong_user_id, TX_NO_WAIT);
        }
        else
        {
            /* user id correct, now check password */
            g_sf_console0.p_api->write(g_sf_console0.p_ctrl,str_password, TX_NO_WAIT);
            err = g_sf_console0.p_api->read(g_sf_console0.p_ctrl, str_data, sizeof(str_data),1000);
            if( err == SSP_ERR_INTERNAL)
            {
                g_sf_console0.p_api->write(g_sf_console0.p_ctrl,str_timeout, TX_NO_WAIT);
            }
            else if(err == SSP_SUCCESS)
            {
                /* set termination so that string compare does not run to end */
                str_data[sizeof(str_synergy) / sizeof(str_synergy[0])]='\0';
                if(strcmp((char*)str_data, (char*)str_synergy) == STRING_EQUAL)
                {
                    /* user id and password correct change menu */
                    casted_console_p_ctrl->p_current_menu = &g_sf_console_sk_s7g2_menu;
                }
                else
                {
                    g_sf_console0.p_api->write(g_sf_console0.p_ctrl,str_wrong_password, TX_NO_WAIT);
                }
            }
        }
    }
}


/* Verweis 6 */
void read_sensor_values_callback(sf_console_callback_args_t * p_args)
{
    /* write zeros into */
    memset((void*) str_data, 0, sizeof(str_data));
    /* append brightness string */
    strcat((char*)str_data,(char*)str_brightness);
    /* convert value to string and append */
    uint_2_str(adc_brightness, (char*) str_numeric_conversion);
    /* add space string */
    strcat((char*)str_data,(char*)str_space);
    strcat((char*)str_data,(char*)str_numeric_conversion);
    /* add space string */
    strcat((char*)str_data,(char*)str_space);
    strcat((char*)str_data,(char*)str_space);
    strcat((char*)str_data,(char*)str_space);
    /* append water level string */
    strcat((char*)str_data,(char*)str_water_level);
    uint_2_str(adc_water_level, (char*) str_numeric_conversion);
    strcat((char*)str_data,(char*)str_numeric_conversion);
    strcat((char*)str_data,(char*)str_enter);
    /* print brightness and water level */
    g_sf_console0.p_api->write(g_sf_console0.p_ctrl, str_data, TX_NO_WAIT);
}


void console_main(void)
{
    g_sf_console0.p_api->prompt(g_sf_console0.p_ctrl, NULL, TX_WAIT_FOREVER);
}
```

Die Konsolenanwendung startet im „g_sf_console_root_menu", wie in der Konfiguration des Console Frameworks eingestellt (/* Verweis 1 */). Das Menü hat vier Einträge:
einen Pointer auf das vorherige Menü, den Menünamen für die Ausgabe, die Anzahl an
Kommandos und eine Liste der Kommandos. Da es sich um das Root-Menü handelt ist
der Wert des vorigen Menüs „NULL", als Eingabeaufforderung wird „root:" ausgegeben
und der erste Eintrag in die Befehlsliste lautet „g_sf_root_commands[0]".

Der erste Befehl soll die Login-Funktion darstellen (/* Verweis 2 */). Sobald der Nutzer den login-Befehl ausführt wird die zugehörige callback-Funktion „login_callback" aufgerufen, die aus zwei Teilen besteht: Abfrage des Nutzernamens und Prüfung des Passworts. Nach erfolgreichem Einloggen wechselt die Anwendung in ein anderes Menü (/* Verweis 3 */). Die Befehlsliste besteht aus einer einfachen Funktion, die die Sensordaten an die Konsolenanwendung liest (/* Verweis 4 */).

Die „login-callback"-Funktion (/* Verweis 5 */) wird mithilfe der „read"- und „write"-API-Funktionen des Console Frameworks realisiert. Dabei wird zunächst der Nutzername abgefragt und 10 Sekunden auf die Eingabe gewartet. Wird ein falscher Nutzername eingegeben, wird „wrong user-id" ausgegeben. Bei erfolgreicher Eingabe (renesas) wird das Gleiche für das Passwort (synergy) durchgeführt. Nach erfolgreichem Login wird in das „sk-s7g2:" Menü gewechselt.

Die Funktion zum Auslesen der Sensordaten (/* Verweis 6 */) berechnet zunächst, wie viele Zeichen für die korrekte Ausgabe benötigt werden. Im folgenden Schritt werden die Sensordaten in das Zeichenfeld eingetragen und dann über die „write" Funktion der API ausgegeben. Die Auslesefunktion benötigt eine neue Funktion, die die Sensordaten in einen String umwandelt, damit sie korrekt ausgegeben werden können. Diese Funktion ist im Folgenden dargestellt:

```c
/*
 * uint_to_string_conversion.c
 */

#include "uint_to_string_conversion.h"

void uint_2_str(uint16_t val, char *buffer)
{
    char const digit[]="0123456789";
    char* p = buffer;
    uint16_t shift_cnt = val;

    /* count length of string */
    do
    {
        p++;
        shift_cnt = shift_cnt / 10;
    }while(shift_cnt);

    /* terminate */
    *p = '\0';

    /* calculate numeric string */
    do
    {
        *--p = digit[val % 10];
        val = val / 10;
    }while(val);
}
```

Die zugehörige uint_to_string_conversion.h lautet:

```
/*
 * uint_to_string_conversion.h
 */

#ifndef CONSOLE_THD_FILES_UINT_TO_STRING_CONVERSION_H_
#define CONSOLE_THD_FILES_UINT_TO_STRING_CONVERSION_H_

#include "console_thd.h"

void uint_2_str(uint16_t val, char *buffer)


#endif /* CONSOLE_THD_FILES_UINT_TO_STRING_CONVERSION_H_ */
```

- Öffnen Sie im src-Ordner die Datei console_thd_entry.c und ändern Sie den Code:

```
#include "console_thd.h"
#include "console_thd_files/console_def.h"

/* console_thd entry function */
void console_thd_entry(void)
{
    /* TODO: add your own code here */
    while (1)
    {
        console_main();
    }
}
```

An diesem Punkt sind Konfiguration und Anwendungscode abgeschlossen und es muss noch der PC als Gegenstelle eingerichtet werden. Dazu wird eine Telnet-Client auf dem PC aufgesetzt. Jedes Windows-System hat einen Telnet-Client, der verwendet werden kann. Auch andere Konsolenanwendungen, die Telnet unterstützen, können verwendet werden, z. B. PuTTy. Hier wird der Windows-Client verwendet, da dann kein zusätzliches Programm benötigt wird. Das generelle Setup wird auf folgendem Link beschrieben: https://support.microsoft.com/de-de/help/2801292. Stellen Sie den Port für die Ethernet-Verbindung auf 192.168.0.11 und 255.255.255.0 (die IP-Adresse muss zu der IP-Adresse passen, die für das Starter Kit verwendet wird; die Einstellung kann unter der Windows „Systemsteuerung→ Netzwerk- und Freigabecenter→ Adaptereinstellungen ändern" vorgenommen werden.) Verbinden Sie das Starter Kit mittels eines Ethernet-Kabels mit Ihrem PC, starten Sie die Konsolenanwendung und geben „telnet" ein, um den Telnet-Client zu starten. Öffnen Sie die Verbindung zum Starter Kit, indem Sie „open 192.168.0.10" eingeben und so auf die SK-S7G2 Konsole gelangen. Stellen Sie zuvor sicher, dass die Konsolenanwendung auf dem Starter Kit läuft, da ansonsten keine Verbindung hergestellt werden kann. Es erscheint das „root:"-Verzeichnis, indem Sie mittels „login" das Einloggen starten können (Nutzername: renesas; Passwort: synergy). Nach erfolgreicher Anmeldung können Sie die Sensordaten mittels „rsv" auslesen (Abb. 13.18).

Abb. 13.18 Telnet-Verbindung auf das S7G2 Starter Kit und Auslesen der Sensorwerte

Wie bereits bei diesem Konsolenbeispiel klar wird, so ist die Konfiguration des Mikrocontrollers und des Boards schnell und einfach, aber für den Anwendungscode müssen natürlich viele Zeilen programmiert werden. Daher sei für weitere Beispiele und Anwendungen auf die zahlreichen Beispielprogramme für das Starter Kit und den S7G2 Mikrocontroller auf den Renesas Synergy Seiten verwiesen. Dort finden sich einfache Beispiele für die einzelnen Funktionalitäten des Mikrocontrollers (z. B. WDT, USB, NetX™) oder für komplette Anwendungen, wie eine Audio-Projekt, eine Wetterstation oder WiFi- und Bluetooth-Vernetzung. Viel Erfolg!

Sachverzeichnis

© Springer-Verlag GmbH Deutschland, ein Teil von Springer Nature 2019
F. Hüning, *Embedded Systems für IoT*,
https://doi.org/10.1007/978-3-662-57901-5

Printed in the United States
By Bookmasters